"十三五"高等职业教育规划教材

Revit 2016 案例教程

齐会娟　主编

中国铁道出版社有限公司

CHINA RAILWAY PUBLISHING HOUSE CO., LTD.

内 容 简 介

本书是以实际工程项目为载体的实践应用教材。

全书分为14个模块：模块1为Revit 2016软件概述；模块2介绍Revit 2016软件基础操作；模块3～模块10遵循"由整体到局部"的原则，从整体出发，逐步细化，以任务驱动方式组织相关内容，分别为：项目准备，创建标高和轴网，创建墙体，创建门窗，创建楼板、屋顶和天花板，创建扶手、楼梯和洞口，创建建筑构件，创建房间；模块11介绍Revit 2016软件模型的建筑表现知识；模块12介绍如何在Revit 2016中应用注释；模块13介绍如何实现协同工作；模块14介绍族与项目样板的创建。

本书适合作为高等职业技术院校建筑和土木类等专业的教材，还可作为广大从事Revit工作的工程技术人员的参考用书。

图书在版编目（CIP）数据

Revit 2016案例教程/齐会娟主编. —北京：中国
铁道出版社，2018.5（2024.9重印）
"十三五"高等职业教育规划教材
ISBN 978-7-113-24340-1

Ⅰ.①R… Ⅱ.①齐… Ⅲ.①建筑设计-计算机辅助
设计-应用软件-高等职业教育-教材 Ⅳ.①TU201.4

中国版本图书馆CIP数据核字(2018)第051054号

书　　名：Revit 2016 案例教程
作　　者：齐会娟

策　　划：侯　伟　孙晨光　　　　　　　　编辑部电话：（010）63560043
责任编辑：秦绪好　徐盼欣
封面设计：付　巍
封面制作：刘　颖
责任校对：张玉华
责任印制：樊启鹏

出版发行：中国铁道出版社有限公司（100054，北京市西城区右安门西街8号）
网　　址：https://www.tdpress.com/51eds/
印　　刷：北京铭成印刷有限公司
版　　次：2018年5月第1版　　2024年9月第5次印刷
开　　本：787 mm×1 092 mm　1/16　印张：12　字数：274千
书　　号：ISBN 978-7-113-24340-1
定　　价：35.00元

　　Autodesk 公司的 Revit 是一款三维参数化建筑设计软件，是有效创建建筑信息模型（Building Information Modeling，BIM）的设计工具。Revit 打破了传统的二维设计中平立剖视图各自独立互不相关的协作模式。它以三维设计为基础理念，直接采用建筑师熟悉的墙体、门窗、楼板、楼梯、屋顶等构件作为命令对象，快速创建出项目的三维虚拟 BIM，而且在创建三维建筑模型的同时自动生成所有的平面、立面、剖面和明细表等视图，从而节省了大量的绘制与处理图纸的时间，让建筑师的精力能真正放在设计上而不是绘图上。

　　2016 版 Revit 软件在原有版本的基础上，添加了全新功能，并对相应工具的功能进行了改动和完善，可以帮助设计者更加方便快捷地完成设计任务。

1．本书内容介绍

　　本书以 Revit 全面而基础的操作为依据，带领读者全面学习 Revit 2016 中文版软件。全书共分 14 个模块，主要内容如下：

　　模块 1 主要介绍 Revit 2016 软件的操作界面及其建筑设计方面的基本功能和较之以前版本的新增功能，并详细介绍了相关基本术语，以及项目文件的创建和设置。此外，还简要介绍了 BIM 相关的设计理念。

　　模块 2 主要介绍视图的控制方法、图元的相关操作及其在创建建筑模型构件时的基本绘制和编辑方法，以及选项工具的使用方法。此外，还简要介绍了插入和链接外部文件的方法。

　　模块 3 主要介绍项目位置的设置，以及场地的设计方法。

　　模块 4 主要介绍标高和轴网的创建与编辑方法，通过学习标高和轴网的创建开启建筑设计的第一步。

　　模块 5 主要介绍墙体的创建方法。无论是墙体还是幕墙，均可以通过墙工具的绘制、拾取线、拾取面创建；墙体还可以通过内建模型来创建，异形幕墙则可以用幕墙系统快速创建。

前 言 PREFACE

模块 6 主要介绍门和窗的插入方法与编辑操作。

模块 7 主要介绍楼板的专业知识，使读者逐一了解 Revit 当中的楼板、天花板以及屋顶的创建方法与编辑方法，完成建筑房屋的外轮廓建立。

模块 8 主要介绍楼梯与坡道、洞口的建立方法以及与其相关的扶手创建方法。

模块 9 主要介绍建筑构件的建立方法。

模块 10 主要介绍如何使用房间工具为项目添加房间并在视图中生成房间图例，以更直观地表达项目房间分布信息。房间面积、颜色图例等均与项目模型关联，当修改模型后房间面积信息将同时自动修正。

模块 11 主要介绍材质外观的设置方法以及相关的渲染设置方法，并详细介绍了渲染操作过程的方法。此外，还介绍了漫游操作的相关知识点，使用户对渲染的整个流程有清晰的认识。

模块 12 主要介绍应用注释及创建施工图的方法。

模块 13 主要介绍如何实现协同工作。

模块 14 主要介绍族和项目样板的创建，系统阐述了系统族、可载入族和内建族的载入和创建方法，使用户对族有全面而深刻的理解与认识。此外，还介绍了项目样板的创建方法。

2．本书主要特色

本书是指导初学者学习 Revit 2016 中文版软件的标准教程。书中详细地介绍了 Revit 2016 强大的功能及其应用技巧，使读者能够利用该软件方便快捷地绘制三维模型。本书主要特色如下：

（1）内容的全面性和实用性。在定制本教程的知识框架时，编者将写作的重心放在了体现内容的全面性和实用性上，因此从提纲的定制以及内容的编写力求将 Revit 专业知识全面囊括。

（2）知识的系统性。从整本书的内容安排上不难看出，全书的内容是一个循序渐进的过程，即讲解建筑建模的整个流程，环环相扣，紧密相连。

通过学习本书，读者不仅可以熟悉 Revit 2016 软件，而且可以了解建筑的设计过程。全书 14 个模块，可安排 32 ~ 48 个课时。

3．本书适用对象

本书是真正面向实际应用的 Revit 基础图书，适合作为高等职业技术院校建筑和土木等专业的教材，还可作为广大从事 Revit 工作的工程技术人员的参考书。

本书由齐会娟主编，参与本书编写的人员还有刘丽娜、刘佳、张诣等。由于编者的水平有限，在编写过程中难免会有不足与疏漏，欢迎读者与我们联系，帮助我们改正提高。

编　者

2018 年 1 月

CONTENTS 目 录

目 录 CONTENTS

CONTENTS 目 录

目 录 CONTENTS

CONTENTS 目 录

目 录

模 块 1

Revit 2016 概述

◎ BIM 的概念；

◎ Revit 应用领域；

◎ Revit 软件界面；

◎ Revit 常用文件格式；

◎ Revit 基本术语。

1.1　认识 Revit 2016

Autodesk Revit 是为建筑信息模型（Building Information Modeling，BIM）设计的软件，涉及建筑、结构及设备（水、电和暖）专业，可为建筑工程行业提供 BIM 解决方案。

Revit 是一款非常智能的设计工具，它能通过参数驱动模型，即时呈现建造师和工程师的设计，通过协同工作减少各专业之间的协同错误，通过模型分析支持节能设计和碰撞检查，通过自动更新所有变更减少整个项目设计的失误。

1.1.1　BIM 相关软件介绍

目前市场上创建 BIM 模型的软件多种多样，其中比较有代表性的有 Autodesk Revit 系列、Gehry Technologies、基于 Dassault Catia 的 Digital Project（DP）、Bentley Architecture 系列和 Graphisoft ArchiCAD 等。在国内应用最广、知名度最高的是 Autodesk Revit 系列。下面介绍在实际工作中，经常与 Autodesk Revit 配合使用的 BIM 软件。

1. Lumion

Lumion 本身包含了一个庞大而丰富的内容库，包含建筑、汽车、人物、动物、街道、街饰、地表和石头等供用户使用。通过 Revit To Lumion Bridge 插件，可以直接导出 Revit 模型。该插件有 3 个显著特点：① 操作简单，新手几乎不需要任何专业学习便可上手；② "所见即所得"，通过使用 CPU 渲染技术，操作时能够实时预览 3D 场景的最终效果；③ 不论渲染高清影片还是效果图，速度都非常快。使用 Revit 模型，可以在 Lumion 中创建出绚丽的建筑漫游动画，不仅花费的时间非常少，而且质量非常高，因此从业者都喜欢用 BIM 模型在 Lumion 中创建动画。Lumion 界面如图 1-1 所示。

图 1-1

2．Navisworks

Autodesk Navisworks 软件能够将 AutoCAD 和 Revit 系列等创建的设计数据，与来自其他设计工具的几何图形和信息相结合，并且将其作为整体的三维项目，通过多种文件格式进行实时审阅，甚至无须考虑文件的大小。Navisworks 软件产品可以帮助所有相关人员将项目作为一个整体来看待，从而优化设计决策、建筑实施、性能预测与规划、设施管理与运营等各个环节。Navisworks 界面如图 1-2 所示。

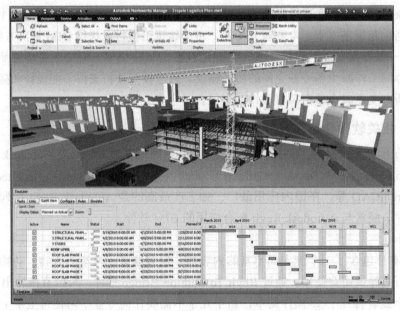

图 1-2

1.1.2 BIM 的特点

BIM 是以建筑工程项目的各项相关信息数据为基础而建立的建筑模型。BIM 通过数字信息仿真，模拟建筑物所具有的真实信息。BIM 是以从设计、施工到运营协调、项目信息为基础而构建的集成流程，它具有可视化、协调性、模拟性、优化性和可出图性五大特点。建筑公司通过使用 BIM，可以在整个流程中将统一的信息创新、设计、绘制出项目，还可以通过真实性模拟和建筑可视化来更好地沟通，以便让项目各方了解成本、工期和环境影响。

1．可视化

可视化（见图 1-3）即"所见即所得"的形式。可视化真正运用在建筑业的作用非常大。例如，经常拿到的施工图纸只是各个构件的信息，在图纸上以线条绘制表达，但是真正的构造形式需要建筑业人员自行想象。如果建筑结构简单，那么没有太大的问题，但是近几年形式各异、复杂造型的建筑不断推出，仅靠想象就不太现实了。所以，BIM 提供了可视化的思路，将以往的线条式的构件，形成一种三维的立体实物图像展示在人们面前。

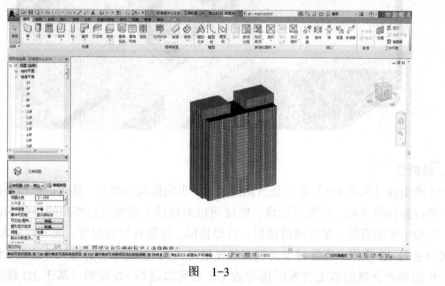

图　1-3

以前，建筑业也会制作设计方面的效果图，但是这种效果图是分包给专业的效果图制作团队，根据线条式信息识读设计制作出来的，并不是通过构件的信息自动生成的，因此缺少了同构件之间的互动性和反馈性。而 BIM 提到的可视化，则是一种能够同构件之间形成互动性和反馈性的可视化。在 BIM 中，由于整个过程都是可视的，所以可以用于效果图的展示和报表的生成。更重要的是通过建筑可视化，可以在项目的设计、建造和运营过程中进行沟通、讨论和决策。

2．协调性

协调性（见图 1-4）是建筑业中的重点内容，无论是施工单位和设计单位还是业主，都在做着协调及相互配合的工作。一旦在项目的实施过程中遇到问题，就需要各相关人员组织起来进行协调会议，找出施工中问题发生的原因及解决办法，然后做出相应变更、采取补救措施等来解决问题。问题的协调只能在出现问题之后再进行吗？在设计时，往往由于各专业设计师之间的沟通不到位，而出现各种专业之间的碰撞问题。例如，暖通等专业中的管道在进行布置时，由于施工图是分别绘制在各自的施工图纸上的，真正施工过程中，可能正好在此处有结构设计的梁等构件妨碍管线的布置，这就是施工中常遇到的碰撞问题。像这样的碰撞问题的协调解决就只能在问题出现之后再进行吗？BIM 的协调性服务可以帮助处理这种问题，也就是说，

BIM可在建筑物建造前期对各专业的碰撞问题进行协调，生成并提供协调数据。BIM的协调作用除了可以解决各专业间的碰撞问题，它还可以解决其他一些问题，例如，电梯井布置与其他设计布置及净空要求之间的协调，防火分区与其他设计布置之间的协调，地下排水布置与其他设计布置之间的协调等。

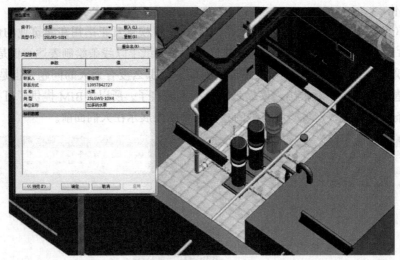

图　1-4

3．模拟性

BIM模拟性（见图1-5）并不是只能模拟设计出的建筑物模型，还可以模拟不能够在真实世界中进行操作的事物。在设计阶段，BIM可以对设计上需要进行模拟的一些东西进行模拟实验，例如：节能模拟、紧急疏散模拟、日照模拟、热能传导模拟等。在招投标和施工阶段，BIM可以进行4D模拟（三维模型加项目的发展时间），也就是根据施工的组织设计模拟实际施工，从而确定合理的施工方案以指导施工；还可以进行5D模拟（基于3D模型的造价控制），从而实现成本控制。在后期运营阶段，BIM可以模拟日常紧急情况的处理方式，例如，地震时人员逃生模拟及消防人员疏散模拟等。

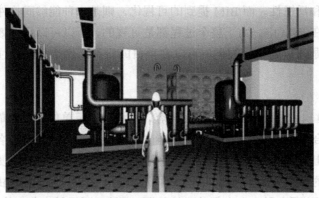

图　1-5

4．优化性

事实上，整个设计、施工、运营的过程就是一个不断优化的过程。优化和BIM并不存在实质性的必然联系，但在BIM的基础上可以做更好的优化。优化受3种因素的制约：信息、复杂程度和时间。没有准确的信息做不出合理的优化结果，BIM 模型提供了建筑物的实际存在的信息，包括几何信息、物理信息、规则信息，还提供了建筑物变化以后的实际存在。复杂程度高到一定程度，参与人员本身的能力无法掌握所有的信息，必须借助一定的科学技术和设备的帮助。现代建筑物的复杂程度大多超过参与人员本身的能力极限，BIM 及与其配套的各种优化工具提供了对复杂项目进行优化的可能。基于 BIM 的优化可以做下面的工作：

（1）项目方案优化。把项目设计和投资回报分析结合起来，可以实时计算出设计变化对投资回报的影响，这样业主对设计方案的选择就不会主要停留在对形状的评价上，而可以更多地知道哪种项目设计方案更能满足自身的需求。

（2）特殊项目的设计优化。例如，裙楼、幕墙、屋顶、大空间到处可以看到异型设计，这些内容看起来占整个建筑的比例不大，但是占投资和工作量的比例却往往较大，而且通常也是施工难度比较大和施工问题比较多的地方，对这些内容的设计施工方案进行优化，可以带来显著的工期和造价改进。

5．可出图性

BIM 并不是为了出大家日常多见的建筑设计图纸及一些构件加工的图纸，而是通过对建筑物进行可视化展示、协调、模拟、优化以后出如下图纸：综合管线图（经过碰撞检查和设计修改，消除了相应错误以后）、综合结构留洞图（预埋套管图）、碰撞检查侦错报告和建议改进方案，如图 1-6 所示。

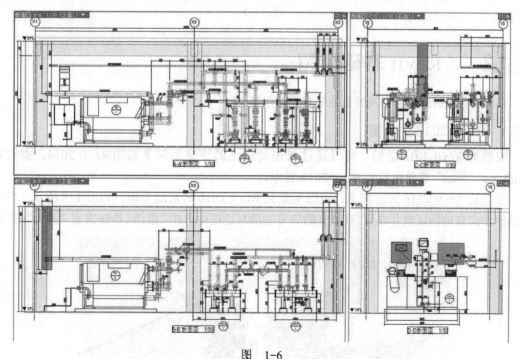

图　1-6

1.1.3　Revit 的应用领域

Revit 如今已被广泛应用于建筑及基础设施行业，在设计、施工和运营阶段起着必不可少的作用。其优点是：在建立完成一个完整的 BIM 的时候，可以通过这个 BIM 快速得到各专业所需的图纸、明细表和工程量清单等。当设计数据变更时，Revit 会自动更新所有与之关联的信息，做到"一处更改，处处更改"，从而确保设计数据的完整性和准确性。

在施工阶段，通过将 BIM 与实际现场进行对比，可以尽早地发现项目在施工现场中出现的错、漏、碰和缺等设计失误，从而提高设计质量，减少现场的施工变更，缩短工期。

通常在进行工程项目的设计时，会由建筑、结构和机电等多个专业设计人员共同完成。在与设计师绘制的二维 AutoCAD 图纸进行协同时，很难发现各专业之间潜在的设计问题，而 Revit 具有强大的协同设计能力，非常容易发现在三维模型当中的此类问题，如图 1-7 所示。

图　1-7

1.2　Revit 基础介绍

本节介绍 Revit 最基本同时也是最重要的功能。

1.2.1　Revit 2016 的界面

安装好 Revit 2016 之后，可以通过双击桌面上的快捷图标来启动 Revit 2016，或者在 Windows "开始"菜单中找到 Revit 2016 程序。

在启动 Revit 2016 的过程中，可以观察到 Revit 2016 的启动界面，如图 1-8 所示。首次启动软件会自动验证软件许可，在打开的许可激活对话框中单击"激活"按钮或者"试用"按钮。

图　1-8

在激活完成后，软件会自动保存激活信息到计算机 C 盘中的 ProgramData>Autodesk>Adlm>RVT2016zh_CNRegInfo.html 文件中。单击"完成"按钮后进入软件工作界面，然后单击"建筑样例项目"选项，可打开样例文件。

Revit 2016 使用了 Ribbon 界面，不再像传统界面方式一样将命令隐藏于各个菜单下，而是按照用户的日常使用习惯，将不同命令进行归类分布于不同选项卡中，当用户选择相应的选项卡时，便可直接找到自己需要的命令。Revit 2016 的工作界面分为"应用程序菜单""快速访问工具栏""信息中心""选项栏""类型选择器""属性选项板""项目浏览器""状态栏""视图控制栏""绘图区域""功能区"等部分，如图 1-9 所示。

图　1-9

1. 应用程序菜单

单击"应用程序菜单"图标，可以打开应用程序下拉菜单。Revit 与 Autodesk 的其他软件一样，其中包含有"新建""打开""保存""导出"等基本命令。在右侧默认会显示最近程序所打开过的文档，选择文档可快速调用。当需要某个文件一直在"最近使用的文档"中时，可以单击文件名称右侧的图钉图标将其锁定，如图 1-10 所示，这样就可以使锁定的文件一直显示在列表当中，而不会被其他新打开的文件所替换。

常用应用程序菜单介绍：

（1）新建：该命令用于新建项目与族文件，共包含 5 种方式，如图 1-11 所示。

① 项目：新建一个项目，并选择相应的项目样板。

② 族：新建一个族，需要选择相应的族样板。

③ 概念体量：使用概念体量样板，创建概念体量族。

④ 标题栏：使用标题栏样板，创建标题栏（图框）族。

⑤ 注释符号：使用注释族样板，创建各类型标记与符号族。

📢 说明：

　　一般情况下，新建项目都用快捷键来完成。按快捷键 Ctrl+N 可以打开"新建项目"对话框，在该对话框中可以按类型选择项目样板来创建项目或项目样板。

图 1-10

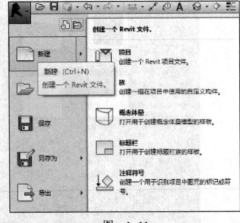

图 1-11

（2）打开：该命令用于打开项目、族、IFC 及各类 Revit 支持格式的模型，包含 7 种方式。

① 项目：执行该命令可以打开"打开"对话框，在该对话框中可以选择要打开的 Revit 项目和族文件，如图 1-12 所示。

图 1-12

📢 说明：

　　除了可以用"打开"命令打开场景以外，还可以在文件夹中选择要打开的场景文件，然后将其直接拖拽到 Revit 的操作界面。

② 族：执行该命令可以打开"打开"对话框，在该对话框中可以选择自带族库当中的族文件或自行创建的族文件。

③ Revit 文件：执行该命令可以打开"打开"对话框，在该对话框中可以打开 Revit 所支持的大部分文件类型，其中包括 Revit、RFA、ADSK 和 RTE 格式。

④ 建筑构件：执行该命令可以打开"打开 ADSK 文件"对话框，在该对话框中可以打开 Autodesk 交换文件。

⑤ IFC：执行该命令可以打开"打开 IFC 文件"对话框，在该对话框中可以打开 IFC 类型文件。

🔊 说明：

> IFC 文件格式是用 Industry Foundation Classes 文件格式创建的模型文件，可以使用 BIM 程序打开。IFC 文件格式含有模型的建筑物或设施，也包括空间的元素、材料和形状。IFC 文件通常用于 BIM 工业程序之间的交互。

⑥ IFC 选项：执行该命令可以打开"导入 IFC 选项"对话框，在该对话框中可以设置 IFC 类名称所对应的 Revit 类别。该命令只有在打开 Revit 文件的状态下才可以使用。

⑦ 样例文件：执行该命令将直接跳转到 Revit 自带的样例文件夹下，可以打开软件自带的样例文件及族文件。

（3）保存：执行该命令可以保存当前项目。如果先前没有保存过该项目，执行"保存"命令后，可以在打开的"另存为"对话框中设置文件的保存位置、文件名以及保存的类型。

（4）另存为：执行该命令可以将文件保存为 4 种类型，分别为"项目""族""样板""库"。

① 项目：执行该命令可以打开"另存为"对话框，在该对话框中可以设置文件的保存位置和文件名。

② 族：执行该命令可以打开"另存为"对话框，在该对话框中可以设置族文件的保存位置和文件名。

③ 样板：执行该命令可以打开"另存为"对话框，在该对话框中可以设置样板文件的保存位置和文件名。

④ 库：执行该命令可以将文件保存为 3 种文件类型，分别是"族""组""视图"。

（5）导出：执行该命令可以将项目文件导出为 13 种其他文件格式，如图 1-13 所示。

① CAD 格式：执行该命令可以将 Revit 模型导出为多种 CAD 格式，以用于其他软件，其中包括 DWG、DXF、DGN 和 ACIS（SAT）4 种格式。

② DWF/DWFx：执行该命令可以打开"DWF 导出设置"对话框，在该对话框中可以设置需要导出的视图及模型的相关属性。

图 1-13

📣 说明：

DWF 文件是 Autodesk 用来发布设计数据的方法，它可以替代"打印到 PDF"（可移植文档格式）的方法。使用 DWF 文件可以安全又轻松地共享设计信息，可以避免意外修改项目文件，可以与客户以及没有 Revit 的其他人共享项目文件，并且 DWF 文件明显比原始 RVT 文件小，因此可以很轻松地将其通过电子邮件发送或发布到网站上。

③ 建筑场地：执行该命令可以打开"建筑场地导出设置"对话框，在该对话框中可以设置需要导出的项目及相关属性。

📣 说明：

建筑设计师可以在 Revit 中进行建筑设计，然后将相关的建筑内容以三维模型的形式导出到接收 Autodesk 交换文件（ADSK）的土木工程应用程序（如 AutoCAD、Civil 3D）中。

④ FBX：执行该命令可以打开"导出 3ds Max（FBX）"对话框，在该对话框中输入文件名称，即可将模型保存为 FBX 格式供 3ds Max 使用。

⑤ 族类型：执行该命令可以打开"导出为"对话框，可以将族类型从打开的族导出到文本文件中。

⑥ NWC：执行该命令可以打开"场景导出为"对话框，可以将项目文件导出为 NWC 格式文件，以供 Autodesk Navisworks 所使用。

📣 说明：

在安装 Autodesk Navisworks 软件时，需要选择相应的插件，才能正常将文件保存为 NWC 格式。图 1-13 中并无此命令。

⑦ gbXML：执行该命令可以打开"导出 gbXML-设置"对话框，可以将设计导出为 gbXML 文件，并使用第三方荷载分析软件来执行荷载分析。

⑧ 体量模型 gbXML：执行该命令可以打开"导出 gbXML-保存到目标文件夹"对话框，可以将设计导出为 XML 文档。

⑨ IFC：执行该命令可以打开"导出 IFC"对话框，可以将模型导出为 IFC 文件。

⑩ ODBC 数据库：选择数据源，可以将模型构件数据导出到 ODBC（开放数据库连接）数据库中。

⑪ 图像和动画：执行该命令可以将项目文件中所制作的漫游、日光研究及渲染图形，以相对应的文件格式保存至外部。

⑫ 报告：执行该命令可以将项目文件中的明细表及房间 / 面积报告，以相对应的文件格式保存至外部。

⑬ 选项：执行该命令可以预设，导出各种文件格式时所需要的参数设置。

（6）Suite 工作流：执行该命令可以打开工作流管理器，以实现将项目无缝传递到套包内的各个软件当中。

（7）发布：执行该命令可以将当前场景导出的不同文件格式发布到 Autodesk Buzzsaw 中，以实现资源共享，可以发布的格式有 5 种。

（8）打印：执行该命令可以进行文件打印、打印预览及打印设置，如图 1-14 所示。

① 打印：执行该命令可以打开"打印设置"对话框，设置相应属性后就可以执行文件打印，如图 1-15 所示。

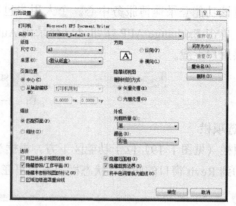

图 1-14   图 1-15

② 打印预览：执行该命令可以预览视图打印效果，如果没有问题可直接单击"打印"按钮进行打印。

③ 打印设置：执行该命令可以设置第一件的各项参数，包括纸张大小、页边距等。

2．快速访问工具栏

快速访问工具栏默认放置了一些常用的命令和按钮，单击"自定义快速访问工具栏"按钮，打开下拉菜单，如图 1-16 所示。

查看工具栏中的命令，选择或关闭以显示或隐藏命令。右击功能区的按钮，选择"添加到快速访问工具栏"命令，可向快速访问工具栏中添加命令。

反之，右击快速访问工具栏中的按钮，选择"从快速访问工具栏中删除"命令，可将该命令从快速访问工具栏中删除。单击"自定义快速访问工具栏"选项，可在打开的对话框中对命令进行排序、删除，如图 1-17 所示。

图 1-16   图 1-17

📢 说明：

　　在模型搭建过程中，经常需要打开多个视图。打开的视图数量过多，会严重影响计算机的运行效率。单击快速访问工具栏中的"关闭隐藏窗口"按钮，可将除当前视图以外的视图全部关闭。

3．信息中心

信息中心（见图 1-18）对初学者而言是一个非常重要的部分，可以直接在检索框中输入所遇到的软件问题，Revit 将会检索出相应的内容。如果购买了 Autodesk 公司的速博服务，还可以通过该功能登录速博服务中心。个人用户也可以通过申请的 Autodesk 账户登录到自己的云平台。单击 Exchange APP 按钮可以登录到 Autodesk 官方的 APP 网站，网站内有不同系列的插件供用户下载。

图　1-18

4．选项栏

选项栏（见图 1-19）位于功能区下方，根据当前工具或选定的图元显示条件工具。要将选项栏移动到 Revit 窗口的底部（状态栏上方），可在选项栏上右击，然后选择"固定在底部"命令。

图　1-19

5．类型选择器

如果有一个用来放置图元的工具处于活动状态，或者在绘图区域中选择了同一类型的多个图元，则属性选项板的顶部将显示类型选择器。类型选择器标识当前选择的族类型，并提供一个可从中选择其他类型的下拉列表，如图 1-20 所示。可通过"类型选择器"指定或替换图元类型。

6．属性选项板

Revit 默认将属性选项板显示在界面左侧，可用来查看和修改用来定义 Revit 中图元属性的参数，如图 1-21 所示。

图　1-20

图　1-21

（1）属性过滤器：用于显示当前选择的图元类别及数量，如图 1-22 所示。在选择多个图元的情况下，默认会显示为"通用"名称及所选图元的数量，如图 1-23 所示。

图 1-22

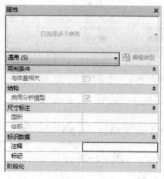

图 1-23

（2）实例属性：显示视图参数信息和图元属性参数信息，切换到某个视图当中，会显示当前视图中的相关参数信息，如图 1-24 所示。在当前视图选择图元后，会显示所选图元的参数信息，如图 1-25 所示。

图 1-24

图 1-25

（3）类型属性：显示当前视图或所选图元的类型参数。进入修改类型参数对话框共有两种操作方法：一种是选择图元，单击"类型属性"按钮，如图 1-26 所示；另一种是单击"属性"对话框中的"编辑类型"按钮。

7．项目浏览器

项目浏览器用于显示当前项目中所有视图、明细表、图纸、族、组合链接的 Revit 模型与其他部分的结构树。展开和折叠各分支时，将显示下一层项目。选择某视图并右击，打开相关快捷菜单，可以对该视图进行"复制""删除""重命名""查找相关视图"等相关操作，如图 1-27 所示。

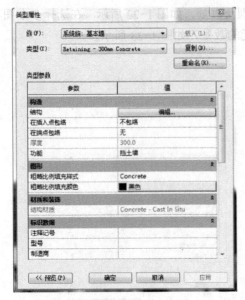

图　1-26

图　1-27

8．状态栏

状态栏位于 Revit 应用程序框架的底部，使用当前命令时，状态栏左侧会显示相关的一些技巧或者提示。例如，调用一个命令（如"旋转"），状态栏会显示有关当前命令的后续操作的提示。在图元或构件被选择高亮显示时，状态栏会显示族和类型的名称。

（1）工作集：提供对工作共享项目的"工作集"对话框的快速访问。

（2）设计选项：提供对"设计选项"对话框的快速访问。设计某个项目的大部分内容后，可使用设计选项开发项目的备选设计方案。例如，可使用设计选项根据项目范围中的修改进行调整、查阅其他设计，便于用户演示变化部分。

（3）选择控制：提供多种控制选择的方式，可自由开关。

（4）过滤器：显示选择的图元数并优化在视图中选择的图元类别。

9．视图控制栏

视图控制栏位于 Revit 窗口底部和状态栏上方，可以快速访问影响绘图区域的功能，如图 1-28 所示。

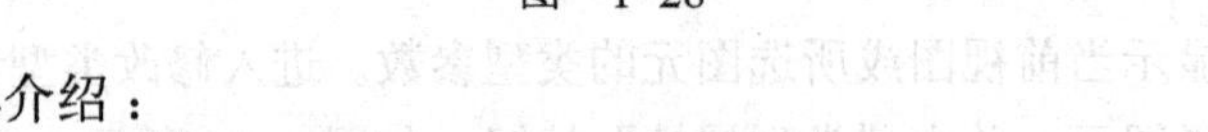

图　1-28

视图控制栏工具介绍：

（1）比例 1：100 ：在图纸中用于表示对象的比例系统。

（2）详细程度 ：可根据视图比例设置新建视图的详细程度，提供"粗略""中等""精细"3种模式。

（3）视觉样式 ：可以为项目视图指定许多不同的图形样式。

（4）打开日光/关闭日光/日光设置 ：打开日光路径并进行设置。

（5）打开阴影/关闭阴影 ：打开或关闭模型中阴影的显示。

（6）显示渲染对话框 ：对图形渲染方面的参数进行设置，仅 3D 视图显示该按钮。

（7）打开裁剪视图／关闭裁剪视图 ：控制是否应用视图裁剪。

（8）显示裁剪区域／隐藏裁剪区域 ：显示或隐藏裁剪区域范围框。

（9）保存方向并锁定视图 ：将三维视图锁定，以在视图中标记图元并添加注释记号，仅 3D 视图显示该按钮。

（10）临时隐藏／隔离 ：将视图中的个别图元暂时独立显示或隐藏。

（11）显示隐藏的图元 ：临时查看隐藏的图元或将其取消隐藏。

（12）临时视图样板 ：在当前视图应用临时视图样板或进行设置。

（13）显示或隐藏分析模型 ：在任何视图中显示或隐藏结构分析模型。

（14）高亮显示位移集 ：将位移后的图元在视图中高亮显示。

📢 说明：

　　单击"比例"中的"自定义"按钮，可自定义当前视图的比例，但不能将此自定义比例应用于该项目中的其他视图。

10．绘图区域

绘图区域显示当前项目的视图（以及图纸和明细表）。每次打开项目中的某一视图时，此视图会显示在绘图区域中其他打开的视图的上面。其他视图仍处于打开的状态，但是这些视图在当前视图的下面。使用"视图"选项卡→"窗口"面板中的工具可排列项目视图，以合适的状态进行显示，如图 1-29 所示。

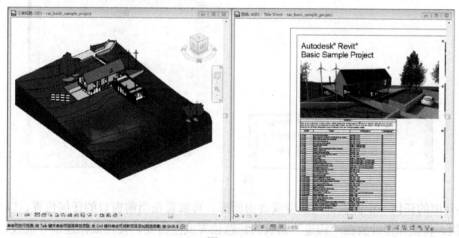

图　1-29

11．功能区

功能区显示当前选项卡关联的命令按钮，其提供了 3 种显示方式，分别是"最小化为选项卡""最小化为面板标题""最小化为面板按钮"。当选择"最小化为选项卡"时，可最大化绘图区域，增加模型显示面积。单击功能区中的三角按钮，可对不同显示方式进行切换，也可单击按钮上的三角符号直接选择，如图 1-30 所示。

在功能区面板中，当鼠标指针放到某个工具按钮上时，会显示当前按钮的功能信息。如果停留时间稍长，还会提供当前命令的图示说明，如图 1-31 所示。复杂的工具按钮还提供简短的动画说明，以便用户更直观地了解该命令的使用方法。

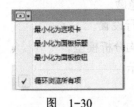

图 1-30   图 1-31

在 Revit 当中还有一些隐藏工具，带有下三角或斜向小箭头的面板都会有隐藏工具。通常以展开面板、弹出对话框两种形式显示，如图 1-32 所示。单击斜向小箭头，可以让展开面板中的隐藏工具永久显示在视图中。

图 1-32

Revit 中的任何一个面板都可以变成自由面板，可放置在当前窗口的任何位置。以"构造"面板为例，将鼠标指针放在"构造"面板的标题位置或空白处，按住鼠标左键并拖拽，可脱离当前位置成为自由面板，也可以和其他面板交换位置。注意："构建"面板只属于"建筑"选项卡类别，不可以放置到其他选项卡当中。如果想将其回归到原始位置，可以将鼠标指针放置在自由面板上，当出现"将面板返回到功能区"按钮时，单击便可使其回归到原始位置。

📢 说明：

    Revit 界面中显示了许多控制面板，有些面板在实际操作过程中并不常用。如果显示屏比较小，可以将这些面板隐藏，以增加绘图区域的范围，同时也可避免很多软件误操作。

    若要隐藏功能区或其他区域面板，可单击功能区中"视图"选项卡下的"用户界面"下拉菜单，清除相关的选择标记即可。

12．ViewCube

通过 ViewCube 可对视图进行自由旋转，切换不同方向的视图等操作，单击"主视图"按钮还可将视图恢复到原始状态。

13．导航栏

导航栏包括"控制盘"和"区域放大"工具。单击"控制器"工具，可打开"全导航控制盘"，如图 1-33 所示。

图 1-33

1.2.2　常用文件格式

在制作一个项目的过程中，可能需要用到多种软件，不同的软件所生成的文件格式也不尽相同，所以需要了解软件支持的格式，以便于实际应用过程中数据的交互。

1．基本文件格式

在绘制建筑信息设计图时，常用的文件格式有以下 4 种。

（1）RTE 格式：Revit 的项目样板文件格式包含项目单位、标注样式、文字样式、线型、线宽、线样式和导入 / 导出设置等内容。为规范设计和避免重复设置，用户可以对 Revit 自带的项目样板文件根据自身的需求、内部标准先行设置，并保存成项目样板文件，以便新建项目文件时选用。

（2）RVT 格式：Revit 生成的项目文件格式，包含项目所有的建筑模型、注释、视图和图纸等内容。通常基于项目样板文件（RTE 文件）创建项目文件，编辑完成后保存为 RVT 文件，作为设计所用的项目文件。

（3）RFT 格式：创建 Revit 可载入族的样板文件格式。创建不同类别的族要选择不同的族样板文件。

（4）RFA 格式：Revit 可载入族的文件格式。用户可以根据项目需要创建自己的常用族文件，以便随时在项目中调用。

2．支持的其他文件格式

在项目设计和管理时，用户经常会使用多种设计、管理工具来实现自己的目标。为了实现多软件环境的协调工作，Revit 提供了"导入""链接""导出"工具，可以支持 CAD、FBX、DWF、IFC 和 gbXML 等多种文件格式，可以根据需要进行选择性的导入和导出。

1.3 Revit 的基本术语

在 Revit 中，项目是单个设计信息数据库模型。项目文件包含了建筑的所有设计信息（从几何图形到构造数据），这些信息包括用于设计模型的构件、项目视图和设计图纸。通过使用单个项目文件，用户可以轻松地修改设计，还可以将修改的结果反映在所有关联区域（如平面视图、立面视图、剖面视图和明细表等）中，仅需跟踪一个文件即可，这方便了项目管理。

Revit 分为 3 种图元，分别是模型图元、视图图元和基准图元。

（1）模型图元：代表建筑的实际三维几何图形，如墙、柱、楼板和门窗等。Revit 按照类别、族和类型对图元进行分级。

（2）视图图元：只显示在放置这些图元的视图中，对模型图元进行描述或归档，如尺寸标注、标记和二维详图。

（3）基准图元：协助定义项目范围，如轴网、标高和参照平面。

① 轴网：有限平面，可在立面视图中拖拽其范围，使其不与标高线相交。轴网可以是直线，也可以是弧线。

② 标高：无限水平平面，用作屋顶、楼板和天花板等以层为主体的图元的参照。

③ 参照平面：精确定位、绘制轮廓线条等的重要辅助工具。参照平面对于族的创建非常重要，其包括二维参照平面及三维参照平面，其中三维参照平面显示在概念设计环境（公制体量 RFT）中。

Revit 图元的最大特点就是参数化，参数化是 Revit 实现协调、修改和管理功能的基础，大大提高了设计的灵活性。Revit 图元可以由用户直接创建或者修改，无须编程。

类别是指在设计建模归档中进行分类。例如，模型图元的类别包括家具、门窗和卫浴设备等。注释图元的类别包括标记和文字注释等。

1.3.1 项目与项目样板

在 Revit 当中所创建的三维模型、设计图纸和明细表等信息都被存储在 RVT 文件中，这个文件被称为项目文件。在建立项目文件之前，需要有项目样板来做基础。项目样板相当于 AutoCAD 当中的 DWT 文件，其中会定义好相关的参数，如度量单位、尺寸标注样式和线型设置等。在不同的样板中，包括的内容也不相同。例如，绘制建筑模型时，需要选择建筑样板。在项目样板当中会默认提供一些门、窗和家具等族库，以便在实际建立模型时快速调用，从而节省制作时间。Revit 支持自定义样板，可以根据专业及项目需求针对性地制作样板，方便日后的设计工作。

1.3.2 族

族是组成项目的构件，同时也是参数信息的载体。族根据参数（属性）集的共用、使用上的相同和图形表示的相似来对图元进行分组。一个族中不同图元的部分或全部属性可能有不同的值，但是属性的设置（其名称与含义）是相同的。例如，"餐桌"作为一个族可以有不同的尺寸和材质。

Revit 中一共包含以下 3 种族。

（1）可载入族：使用族样板在项目外创建的 RFA 文件可以载入到项目中，具有高度可自定义的特征，因此可载入族是用户最经常创建和修改的族。

（2）系统族：已经在项目中预定义并只能在项目中进行创建和修改的类型（如墙、楼板和天花板等）。它们不能作为外部文件载入或创建，但可以在项目和样板直接复制和粘贴或者传递系统族类型。

（3）内建族：在当前项目中新建的族，它与可载入族的不同之处在于，内建族只能存储在当前的项目文件里，不能单独存成 RFA 文件，也不能用在别的项目文件中。

族可以有多个类型，类型用于表示同一族的不同参数（属性）值。例如，打开系统自带门族"双扇平开格栅门 2.rfa"包括 1400 mm×2100 mm、1500 mm×2100 mm 和 1600 mm×2100 mm（宽 × 高）3 个不同类型。在这个族中，不同的类型对应了门的不同尺寸。

1.3.3 参数化

参数化设计是 Revit 的核心内容，其中包含两部分内容：一部分是参数化图元，另一部分是参数化修改。参数化图元是指在设计过程当中，调整其中一面墙的高度或者一扇门的大小，都可以通过其在内部所添加的参数来进行控制；而参数化修改是指当修改其中某个构件的时候，与之相关联的构件也会随之发生相应的变化，避免了在设计过程中数据不同步造成的设计错误，从而大大提高了设计效率。例如，修改一面墙上窗户的高度和大小，与之相关联的尺寸标注也会自动更新。

学习要点

◎ Revit 视图操作方法；

◎ 图元的编辑方法；

◎ 文件的基本操作；

◎ 软件界面设置；

◎ 快捷键设置。

2.1　视图控制工具

模块 1 介绍了 Revit 2016 视图控制工具的一些基础功能，本节将针对这些常用的视图工具进行详细的讲解。熟练掌握这些工具的使用方法，可以在实际工作中提高工作效率。

2.1.1　使用项目浏览器

项目浏览器在实际项目当中扮演着非常重要的角色，项目开始以后，创建的图纸、明细表和族库等内容，都会在项目浏览器中体现出来。在 Revit 中，项目浏览器用于管理数据库，其文件表示形式为结构树，不同层级下对应不同内容，看起来非常清晰，如图 2-1 所示。

如果创建的模型类型不同，或建模阶段不同，Revit 也会有不同的项目浏览器组织形式供用户选择。用户可以根据实际需要进行自定义"编辑""新建"等操作，如图 2-2 所示。

将光标移到"视图"上并右击，选择"浏览器组织"命令，如图 2-3 所示，然后单击"新建"按钮输入名称，打开"浏览器组织属性"对话框。

此对话框中有两个选项卡，分别为"过滤"与"成组和排序"，如图 2-4 所示。

图　2-1

图 2-2   图 2-3   图 2-4

📢 说明：
　　"浏览器组织"在创建项目当中的作用非常重要。在开始项目之前，如果先构思好符合项目和个人操作习惯的样式，那么在项目实施过程中将事半功倍。
　　"过滤"选项卡的作用是：通过预设的过滤条件，比如"视图比例""图纸名称"等选项，来显示需要的视图或图纸，一般情况下不作设置；"成组和排序"选项卡主要设置视图的层级关系，按照一定的归属条件进行分类。比如，先按照"视图比例"进行分类，在此基础上划分平、立、剖与三维视图。
　　浏览器的排序方式也可以自定义更改，可以按照固定的参数进行升序和降序排列。

2.1.2　使用导航工具

　　Revit 提供了多种导航工具，可以实现对视图进行"平移""旋转""缩放"等操作。使用鼠标结合键盘上的功能按键或使用 Revit 提供的导航栏都可实现对视图的操作，分别用于控制二维及三维视图。

1. 键盘结合鼠标

　　键盘结合鼠标的操作分为以下 6 个步骤。
　　第 1 步：打开 Revit 当中自带的建筑样例项目文件，单击快速访问工具栏中的"主视图"按钮切换到三维视图。
　　第 2 步：按住 Shift 键，同时按下鼠标滚轮可以对当前视图进行旋转操作。
　　第 3 步：直接按下鼠标滚轮，移动鼠标可以对视图进行平移操作。
　　第 4 步：双击鼠标滚轮，视图返回原始状态。
　　第 5 步：将光标放置到模型上的任意位置向上滚动滚轮，会以当前光标所在的位置为中心放大视图，反之则缩小视图。
　　第 6 步：按住 Ctrl 键的同时按下鼠标滚轮，上下拖拽鼠标可以放大或缩小当前视图。

2. 导航栏

　　导航栏默认位于绘图区域的右侧。如果视图中没有导航栏，可以执行"视图→用户界面

→导航栏"菜单命令,将其显示。单击导航栏中的"导航控制盘"按钮,可以打开导航控制盘,如图 2-5 所示。

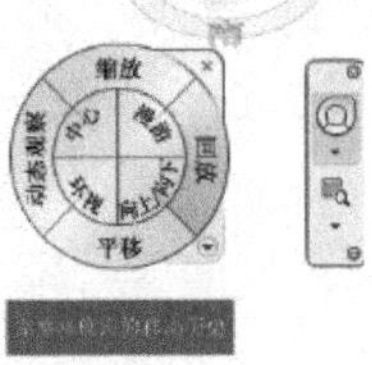

将鼠标指针放置到"缩放"按钮上,这时该区域会高亮显示,单击导航控制盘消失,视图中出现绿色球形图标,表示模型中心所在的位置。通过上下移动鼠标,可实现视图的放大与缩小。完成操作后,松开鼠标左键,导航控制盘恢复,可以继续选择其他工具进行操作。

图 2-5

视图默认显示为全导航控制盘,软件本身还提供了多种导航控制盘样式供用户选择。在导航控制盘下方单击三角按钮,会打开样式下拉菜单。全导航控制盘包含其他样式控制盘当中的所有功能,只是显示方式不同,用户可以自行切换体验。

> **说明:**
>
> 导航控制盘不仅可以在三维视图中使用,而且可以在二维视图中使用,其中包括"缩放""回放""平移"3 个工具。全导航控制盘中的"漫游"按钮不可以在默认的三维视图中使用,必须在相机视图中才可以使用。通过键盘上的上下箭头控制键可以控制相机的高度。

3.视图缩放

通过导航栏当中的视图缩放工具,可以对视图进行"区域放大"和"缩放匹配"等操作。单击"区域放大"按钮下方的三角按钮,会打开相应的选项供用户选择。

4.控制栏选项

控制栏选项主要提供对控制栏样式的设置,其中包括是否显示相关工具、控制栏不透明度的设置,以及控制栏位置的设置。

2.1.3 使用 ViewCube

除了使用导航控制盘当中所提供的工具外,Revit 还提供了 ViewCube 工具来控制视图,默认位置在绘图区域的右上角,如图 2-6 所示。使用 ViewCube 可以很方便地将模型定位于各个方向和轴侧图视点。使用鼠标拖拽 ViewCube,还可以实现自由观察模型。

图 2-6

单击"应用程序菜单"图标,然后选择"选项"命令,打开"选项"对话框,在该对话框中可以对 ViewCube 工具进行设置,如图 2-7 所示。其中可以设置的选项包括"大小""位置""不透明度"等。

1.主视图

单击"主视图"按钮,视图将停留到之前所设置好的视点位置。在"主视图"按钮上右击,然后选择"将当前视图设定为主视图"命令,可以把当前视点位置设定为主视图。将视图旋转方向,再次单击"主视图"按钮,可将主视图切换到设置完成的视点。

图 2-7

2．ViewCube

单击 ViewCube 中的"上"按钮，视点将切换到模型的顶面位置。单击左下角点的位置，视图将切换到"西南轴侧图"的位置。将鼠标指针放置在 ViewCube 上，按下鼠标左键并拖拽鼠标，可以自由观察视图当中的模型。

3．指南针

使用"指南针"工具可以快速切换到相应方向的视点。单击"指南针"工具上的"南"，三维视图中视点会快速切换到正南方向的立面视点。将光标移动到"指南针"的圆圈上，按下鼠标左键并左右拖拽鼠标，视点将约束到当前视点高度，随着鼠标移动的方向而左右移动。

4．关联菜单

"关联菜单"中主要提供一些关于 ViewCube 的设置选项，及一些常用的定位工具。单击绘图区域中的下拉三角图标，会打开相应的菜单选项，选择"定向到视图"命令，然后在打开的子菜单选项中选择"剖面"命令，可打开当前项目当中所有剖面的列表信息。

选择其中任意一个剖面，视图将剖切当前模型的位置。将当前视点旋转，会看到所选剖面剖切的位置已经在三维视图当中显示。可自由旋转查看当前剖切位置的内部信息。

2.1.4　使用视图控制栏

Revit 在各个视图中均提供了视图控制栏，用于控制各视图中模型的显示状态。不同类型视图的视图控制栏样式工具不同，所提供的功能也不相同。下面以三维视图中的控制栏为例进行简单介绍，如图 2-8 所示。

图　2-8

1．视图比例

打开建筑样例模型，然后在"项目浏览器"中找到"楼层平面"，打开 Level1，接着单击"视图比例"按钮，如图 2-9 所示，打开的菜单中包含常用的一些视图比例提供给用户选择。

如果发现没有需要的比例，可以通过"自定义"选项进行设置。当前视图中默认的比例为 1∶100，切换到 1∶50 的比例后，视图当中模型图元及注释图元都会发生相应的改变。

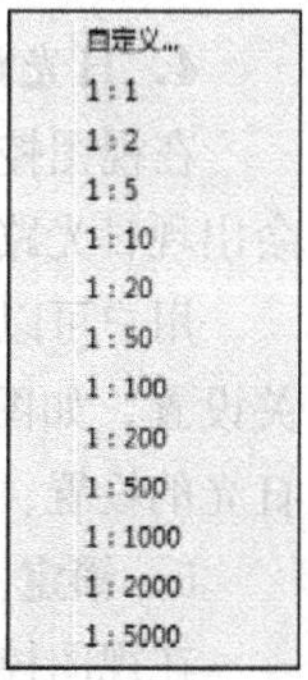

2．详细程度

使用局部缩放工具局部放大右下角的墙体，在视图控制栏中单击"详细程度"按钮，选择"粗略"选项，观察墙体显示样式的变化，切换到"中等"选项。

图　2-9

说明：
　　一般情况下，平面与立面视图将"详细程度"调整为"粗略"即可，以节省计算机资源。在详图节点等细部图纸中，将"详细程度"调整为"精细"，以满足出图的要求。

3．视觉样式

在当前模型当中，单击"主视图"按钮，可以切换到默认三维视图。单击"视觉样式"按钮，选择列表中的"隐藏线"模式，将以单色调显示当前模型，如图 2-10 所示。

在列表当中选择"图形显示选项"命令，在打开的"图形显示选项"对话框中，可以设置"阴影""照明""背景"等属性，如图 2-11 所示。

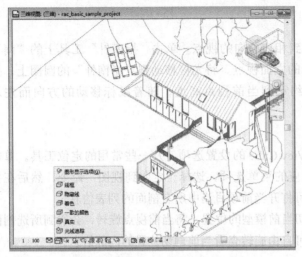

图 2-10 图 2-11

展示"背景"选项组，在下拉菜单中选择"天空"命令，然后单击"确定"按钮，在三维视图中选择人视点，背景将会变为天空样式。

说明：

> 在普通二维视图中，将"视觉样式"调整为"隐藏线"模式。在三维或相机视图中，将"视觉样式"设置为"着色"。这样可以充分使用计算机资源，同时满足图形显示方面的需要。

4．日光路径

在视图控制栏中单击"关闭日光路径"按钮，然后选择"打开日光路径"命令，视图当中会出现日光路径图形。

用户可以通过在菜单中选择"日光设置"命令，对太阳所在的方向、出现的时间等进行相关设置，如图 2-12 所示。如果同时打开阴影开关，视图中将会出现阴影，可以实时查看当前日光的设置、所形成的阴影位置及大小。

5．锁定三维视图

在视图控制栏中单击"解锁的三维视图"按钮，然后选择"保存方向并锁定视图"命令。

在打开的对话框中输入相应的名称后，当前三维视图的视点就被锁定了。

锁定后的视图，视点将固定到一个方向，不允许用户进行旋转视图等操作。如果用户需要解锁当前视图，可以单击"解锁的三维视图"按钮，选择"解锁视图"命令即可。

6．裁剪视图

裁剪视图工具可以控制对当前视图是否进行裁剪，此工具需与"显示或隐藏裁剪区域"配合使用。单击"裁剪视图"按钮，同时在视图实例属性面板中，也可以开启裁剪视图状态。

7．显示或隐藏裁剪区域

在视图控制栏上单击"显示裁剪区域"（或"隐藏裁剪区域"）按钮，可以根据需要显示或隐藏裁剪区域。在绘图区域中，选择裁剪区域，则会显示注释和模型裁剪。内部裁剪是模型裁剪，外部裁剪则是注释裁剪。外部剪裁需要在视图的实例属性面板中打开，如图 2-13 所示。

图　2-12

图　2-13

8．临时隐藏／隔离

在三维或二维视图中，选择某个图元，然后单击"临时隐藏/隔离"按钮，接着选择"隐藏图元"命令，这时所选择的图元在当前视图已经被隐藏。单击"临时隐藏/隔离"按钮，选择"重设临时隐藏/隔离"命令即可恢复隐藏的图元。

📢 说明：

　　以上操作都是临时性隐藏或隔离，可以随时恢复为默认状态。如果需要永久性隐藏或隔离图元，可以在下拉菜单中选择"将隐藏/隔离应用到视图"命令。

9．显示隐藏的图元

如果想让隐藏的图元在当前视图中重新显示，需要单击"显示隐藏的图元"按钮，视图中以红色边框形式显示全部被隐藏的图元。

选择需要恢复显示的图元，单击功能区面板中的"取消隐藏类别"按钮，再次单击"显示隐藏的图元"按钮，所选图元在当前视图中便可恢复显示。

在绘图区域右击，然后选择"取消在视图中隐藏"命令，接着选择"类别"命令，也可以显示图元。

10．临时视图属性

在视图控制栏中单击"临时视图属性"按钮，打开下拉菜单，可以为当前视图应用临时视图样板，满足视图显示需求的同时，提高计算机的运行效率。关于视图样板的设置与应用方法，将在之后的章节中进行详细介绍。

2.1.5　可见性和图形显示

"可见性/图形"按钮主要控制项目中各个视图的模型图元、基准图元和视图专有图元的可见性和图形显示，可以替换模型类别和过滤器的截面、投影和表面显示。另外，对于模型类别和过滤器，还可以将透明应用于面。还可以指定图元类别、过滤器或单个图元的可见性、半色调显示和详细程度，如图 2-14 所示。

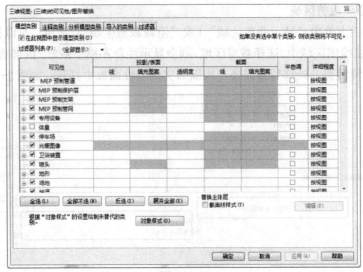

图　2-14

2.2　修改项目图元

2.2.1　选择图元

在 Revit 中选择图元共有 3 种方法：第 1 种是使用单击选择；第 2 种是使用框选选择；第 3 种是使用键盘功能键结合鼠标循环选择。无论使用哪种方法选择图元，都需要使用"修改"工具才可以执行。

1．"修改"工具

"修改"工具本身不需要手动去选择，默认状态下软件退出执行所有命令的情况下，就会自动切换到"修改"工具。所以在操作软件的时候，几乎是不用手动切换选择工具的。但在某些情况下，为了能更方便地选择相应的图元，需要对"修改"工具做一些设置，以提高用户的选择效率。在功能区的"修改"工具下，单击"选择"展开下拉菜单，如图 2-15 所示。绘图区域右下角的选择按钮，与"选择"下拉菜单中的命令是对应的。

图　2-15

选择工具介绍：

（1）选择链接：若要选择链接的文件和链接中的各个图元，则启用该选项。

（2）选择基线图元：若要选择基线中包含的图元，则启用该选项。

（3）选择锁定图元：若要选择被锁定到位且无法移动的图元，则启用该选项。

（4）按面选择图元：若要通过单击内部面而不是边来选择图元，则启用该选项。

（5）选择时拖拽图元：启用"选择时拖拽图元"选项，可拖拽无须选择的图元。若要避免选择图元时意外移动，可禁用该选项。

📢 说明：

在不同的情况下，要使用不同的选择工具。例如，若要在平面视图中选择楼板，可以将"按面选择图元"选项打开，以方便选择。如果当前视图中链接了外部 CAD 图纸或 Revit 模型，为了避免在操作过程中误选，可以将"选择链接"选项关闭。

2．选择图元的方法

若要选择单个图元，则将光标移动到绘图区域中的图元上，Revit 将高亮显示该图元，并在状态栏和工具提示中显示有关该图元的信息。如果多个图元彼此非常接近或互相重叠，可将光标移动到该区域上并按 Tab 键，直至状态栏描述所需图元为止。按快捷键 Shift+Tab 可以按相反的顺序循环切换图元。

若要选择多个图元，则在按住 Ctrl 键的同时，单击每个图元进行加选。反之，在按住 Shift 键的同时单击每个图元，可以从一组选定图元中取消选择该图元。将光标放在要选择的图元一侧，并对角拖拽光标以形成矩形边界，从而绘制一个选择框进行框选。按 Tab 键高亮显示连接的图元，然后单击这些图元，可以进行墙链或线链的选择。

若要选择某个类别的图元，则在任意视图中的某个图元，或者项目浏览器中的某个族类型上右击，然后选择"选择全部实例"命令，再选择"在视图中可见"或"在整个项目中"命令，可按类别选择图元，如图 2-16 所示。

若要使用过滤器选择图元，则在选择中包含不同类别的图元时，可使用"过滤器"从选择中删除不需要的类别。"过滤器"对话框中列出当前选择的所有类别的图元，"合计"列指示每个类别中的已选择图元数。当前选定图元的总数显示在对话框的底部，如图 2-17 所示。

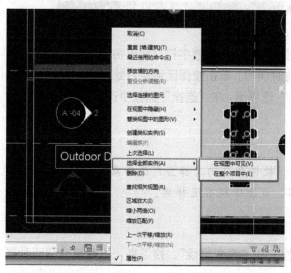

图　2-16

图　2-17

在"过滤器"对话框中，可以选择包含的图元类别。若要排除某一类别中的所有图元，则清除其复选框；若要包含某一类别中的所有图元，则选择其复选框；若要选择全部类别，则单击"选择全部"按钮；若要清除全部类别，则单击"放弃全部"按钮。修改选择内容时，对话框中和状态栏上的总数会随之更新。

　　使用框选方式选择图元时，若要仅选择完全位于选择框边界之内的图元，则从左至右拖拽光标；若要选择全部或部分位于选择框边界之内的任意图元，则从右至左拖拽光标。

3．选择集

　　当需要保存当前的选择状态，以供之后快速选择时，可以使用"选择集"工具（见图2-18）。在已打开的项目中，可任意选择多个图元。在"修改"选项卡中，会出现"选择集"相应的按钮。

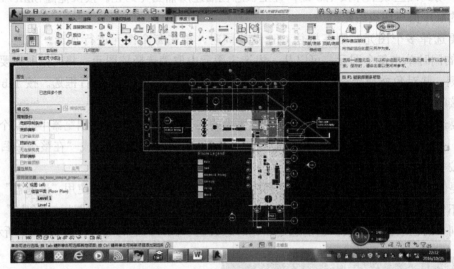

图　2-18

　　单击"保存"按钮，打开"保存选择"对话框，输入任意字符之后单击"确定"按钮，这时，当前选择的状态已经被保存在项目中，可随时调用。单击绘图区域空白处，可退出当前选择。如需恢复之前所保存的选择集，可单击"管理"选项卡，在"选择"面板中选择"载入"按钮，打开"恢复过滤器"对话框。

📢 说明：

　　选择任一选择集并单击"确定"按钮，软件会自动选择当前选择集内包含的图元；单击"编辑"按钮，可编辑选择集的内容，或删除现有选择集。

2.2.2　图元属性

　　图元属性共分为两种，分别是"实例属性"与"类型属性"。接下来，将着重介绍两种属性的区别，及修改其中参数的注意事项。

1．实例属性

　　一组共用的实例属性适用于属于特定族类型的所有图元，但是这些属性的值可能会因为图元在建筑或项目中的位置而异。修改实例属性的值，将只影响选择集内的图元或者将要放置的图元。

　　例如，选择一面墙，并且在"属性"选项板上修改它的某个实例属性值，则只有该墙受到影响，如图 2-19 所示。选择一个用于放置墙的工具，并且修改该墙的某个实例属性值，则新值将应用于该工具放置的所有墙。

2．类型属性

同一组类型属性可使一个族中的所有图元共用，而且特定族类型的所有实例的每个属性都具有相同的值。

例如，属于"窗"族的所有图元都具有"宽度"属性，但是该属性的值因族类型而异。因此在"窗"族内，族类型为 1180 mm × 1170 mm 的所有实例，其"宽度"值都为 1118，如图 2-20 所示；而族类型为 406 mm × 610 mm 的所有实例，其"宽度"值都为 406，如图 2-21 所示。修改类型属性的值，会影响该族类型当前和将来的所有实例。

图 2-19

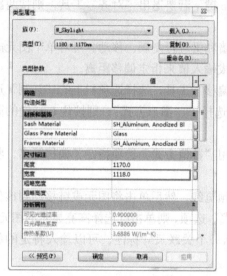

图 2-20

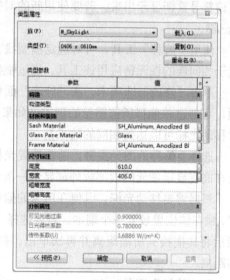

图 2-21

2.2.3 编辑图元

模型绘制过程中，经常需要对图元进行修改。Revit 提供了大量的图元修改工具，其中包括"移动""旋转""缩放"等。在"修改"选项卡中，可以找到这些工具，如图 2-22 所示。

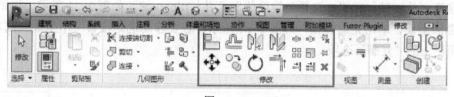

图 2-22

1．"对齐"工具

使用"对齐"工具可以将一个或多个图元与选定图元对齐。此工具通常用于对齐墙、梁和线，但也可以用于其他类型的图元。例如，在三维视图中，将墙的表面填充图案与其他图元对齐。可对齐同一类型的图元，也可对齐不同族的图元，并且能够在平面视图、三维视图或立面视图中对齐图元。

切换到"修改"选项卡，单击"修改"面板中的"对齐"按钮，此时会显示带有对齐符号的光标，然后在选项栏上选择"多重对齐"选项，将多个图元与所选图元对齐（也可以按住Ctrl 键选择多个图元进行对齐）。在对齐墙时，可使用"首选"选项指明对齐所选墙的方式，如"参照墙面""参照墙中心线""参照核心层表面"或"参照核心层中心"。选择参照图元（要与其他图元对齐的图元），然后选择要与参照图元对齐的一个或多个图元。

> 🔊 **说明：**
>
> 　　使用对齐工具时，如果按 Ctrl 键，会临时选择"多重对齐"命令。

若要使选定图元与参照图元（稍后将移动它）保持对齐状态，则单击挂锁符号来锁定对齐。如果由于执行了其他操作而使挂锁符号消失，则单击"修改"选项并选择"参照图元"命令，使该符号重新显示出来。若要使用新的对齐，则按 Esc 键；若要退出"对齐"工具，则按两次Esc 键。

使用"偏移"工具，可对选定模型线、详图线、墙和梁进行复制、移动。可对单个图元或属于相同族的图元链应用该工具，通过拖拽选定图元或输入值来指定偏移距离。

单击"修改"选项卡，在"修改"面板中选择"偏移"工具，选择选项栏上的"复制"选项，可创建并偏移所选图元的副本（如果在上一步中选择了"图形方式"，则按住 Ctrl 键的同时移动光标可以达到相同的效果）。

选择要偏移的图元或链，若在放置光标的一侧使用"数值方式"选项指定了偏移距离，将会在高亮显示图元的内部或外部显示一条预览线。

根据需要移动光标，以便在所需的偏移位置显示预览线，然后单击将图元或链移动到该位置，或在该位置放置一个副本。若要选择了"图形方式"选项，则单击以选择高亮显示的图元，然后将其拖拽到所需距离并再次单击。拖拽后将显示一个关联尺寸标注，可以输入特定的偏移距离。

2."镜像"工具

"镜像"工具使用一条线作为镜像轴，对所选模型图元执行镜像（反转其位置）。可以拾取镜像轴，也可以绘制临时轴。使用"镜像"工具可翻转选定图元，或者生成图元的一个副本并反转其位置。

选择要镜像的图元，切换到"修改"选项卡，单击"修改"面板中的"镜像-拾取轴"按钮或"镜像-绘制轴"按钮，选择要镜像的图元并按 Enter 键，如图 2-23 所示。将光标移动至中间参照平面，单击完成镜像，如图 2-24 所示。若要移动选定项目（不生成其副本），则清除选项栏上的"复制"选项。

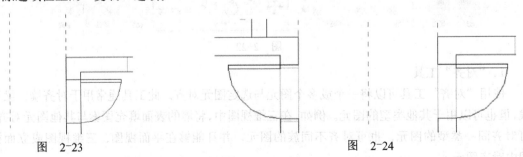

图　2-23　　　　　　　　　　　　　　　　　　图　2-24

📢 说明：

> 若要选择代表镜像轴的线，则选择"镜像 - 拾取"工具；若要绘制一条临时镜像轴线，则选择"镜像 - 绘制轴"工具。

3."移动"工具

"移动"工具的工作方式类似于拖拽，但它在选项栏上提供了其他功能，允许进行更精确的放置。

选择要移动的图元，切换到"修改 |< 图元 >"选项卡，单击"修改"面板中的"移动"按钮（或切换到"修改"选项卡，单击"修改"面板中的"移动"按钮），按 Enter 键，在选项栏上单击所需的选项。

选择"约束"选项，可限制图元沿着与其垂直或共线的矢量方向的移动；选择"分开"选项，可在移动前中断所选图元和其他图元之间的关联。例如，要移动链接到其他墙的墙时，使用"分开"选项将依赖于主体的图元从当前主体移动到新的主体上。建议使用此功能时，清除"约束"选项。

单击一次已输入移动的起点，将会显示该图元的预览图像。沿着图元移动的方向移动光标，光标会捕捉到捕捉点，此时会显示尺寸标注作为参考，再次单击已完成移动操作。如果要更精确地进行移动，则输入图元要移动的距离值，然后按 Enter 键。

4."复制"工具

"复制"工具可复制一个或多个选定图元，并可随即在图纸中放置这些副本。"复制"工具与"复制到剪贴板"工具不同，要复制某个选定图元，并立即放置该图元时（例如，在同一个视图中），可使用"复制"工具；当需要在放置副本之前切换视图时，可使用"复制到剪贴板"工具。

选择要复制的图元，切换到"修改 |< 图元 >"选项卡，单击"修改"面板中的"复制"按钮（或切换到"修改"选项卡，单击"修改"面板中的"复制"按钮），选择要复制的图元，然后按 Enter 键。单击绘图区域开始移动和复制图元，将光标从原始图元上移动到要放置的位置副本的区域，单击以放置图元副本（或输入关联尺寸标注的值）。可继续放置更多图元，或者按 Esc 键退出"复制"工具。

5. 旋转图元

使用"旋转"工具可使图元围绕轴旋转。在楼层平面视图、天花板投影平面视图、立面视图和剖面视图中，图元会围绕垂直于视图的轴进行旋转。在三维视图中，该轴垂直于视图的工作平面。并非所有图元均可以围绕任何轴旋转。例如，墙不能在立面视图中旋转，窗不能在没有墙的情况下旋转。

选择要旋转的图元，切换到"修改 < 图元 >"选项卡，然后单击"修改"面板中的"旋转"按钮，选择要旋转的图元，然后按 Enter 键。

在放置构件时，单击选项栏中的"放置后旋转"选项，"旋转控制"图标将显示在所选图元的中心。若要将旋转控制拖至新位置，则将鼠标指针放到"旋转控制"图标上，按 Space 键并单击新位置；若要捕捉到相关的点和线，则在选项栏中单击"旋转中心：放置"按钮并单击新位置。单击选项栏中的"旋转中心：默认"按钮，可重置旋转中心的默认位置。

在选项栏中，软件提供 3 个选项供用户选择。选择"分开"选项，可在旋转之前中断选择图元与其他图元之间的链接；选择"复制"选项可旋转所选图元的副本，而在原来位置上保留原始对象；选择"角度"选项指定旋转的角度，然后按 Enter 键，Revit 会以指定的角度执行旋转操作。

单击指定旋转的开始放射线，此时显示的线表示第一条放射线。如果在指定第一条放射线时对光标进行捕捉，则捕捉线将随预览框一起旋转，并在放置第二条放射线时捕捉屏幕上的角度。移动光标以放置旋转的结束放射线，此时会显示另一条线，表示此放射线。在旋转时，会显示临时角度标注，并会出现一个预览图像，表示选择集的旋转。

单击以放置结束放射线并完成选择集的旋转，选择集会在开始放射线和结束放射线之间旋转。Revit 会返回到"修改"工具，而旋转的图元仍处于选择状态。

说明：

> 使用关联尺寸标注旋转图元。单击指定旋转的开始放射线之后，角度标注将以粗体形式显示。使用键盘输入数值，按 Enter 键确定可实现精确自动旋转。

6．修剪和延伸图元

使用"修剪"和"延伸"工具可以修剪或延伸一个或多个图元至由相同的图元类型定义的边界，也可以延伸不平行的图元以形成角，或者在它们相交时，对它们进行修剪以形成角。选择要修剪的图元时，光标位置指示要保留的图元部分，可以将这些工具用于墙、线、梁或支撑。

修剪或延伸图元，可将两个所选图元修剪或延伸成一个角。切换到"修改"选项卡，在"修改"面板中单击"修剪/延伸为角"按钮，然后选择需要修剪的图元，将光标放置到第二个图元上，屏幕上会以虚线显示完成后的路径效果。单击完成修剪。

要将一个图元修剪或延伸到其他图元定义的边界，可切换到"修改"选项卡，在"修改"面板中单击"修剪/延伸单个图元"按钮，选择用作边界的参照图元，并选择要修剪或延伸的图元。如果此图元与边界交叉，则保留所单击的部分，而修剪边界另一侧的部分。

切换到"修改"选项卡，单击"修改"面板中的"修改/延伸多个单元"按钮，选择用作边界的参照图元，并选择要修剪或延伸的每个图元。对于与边界交叉的任何图元，只保留所单击的部分，而修剪边界另一侧的部分。

说明：

> 可以在工具处于活动状态时，选择不同的"修剪"或"延伸"选项，这也会清除使用上一个选项所做的任何最初选择。

7．"拆分"工具

"拆分"工具有两种使用方法，分别是"拆分图元"和"用间隙拆分"。通过"拆分"工具，可将图元分割为两个单独的部分，可删除两个点之间的线段，也可在两面墙之间创建定义的间隙。可以拆分为墙、线、梁和支撑。

切换到"修改"选项卡，然后在"修改"面板中单击"拆分图元"按钮。如果在选项栏中选择"删除内部线段"选项，Revit 会删除墙或线上所选点之间的线段。

在图元上要拆分的位置处单击，如果选择了"删除内部线段"选项，则单击另一个点来删除一条线段。拆分某一面墙后，所得到的各部分都是单独的墙，可以单独进行处理。

要使用定义的间隙拆分墙，可切换到"修改"选项卡，在"修改"面板中单击"用间隙拆分"按钮，在选项栏中的"连接间隙"参数中输入数值。

"连接间隙"参数的值限制在 1.6～304.8 之间，将光标移到墙上，然后单击以放置间隙，该墙将被拆分为两面单独的墙。

要连接使用间隙拆分的墙，可单击"用间隙拆分"按钮，创建某一面墙时，绘图区域中将显示"允许连接"按钮。单击"创建或删除长度或对齐约束"图标，取消对尺寸标注限制条件的锁定。选择"拖拽墙端点"（选定墙上的蓝圈指示），右击，选择"允许连接"命令。

将该墙拖拽到第二面墙，以将这两面墙进行连接。或者单击"创建或删除长度或对齐约束"图标，取消对所有限制条件的锁定后，单击"允许连接"按钮，允许墙不带任何间隙而重新连接。如果间隙数值超过 100，图元将无法自动连接；如果需要取消墙体连接，可以选择一面墙，在"拖拽墙端点"选项上右击，然后选择"不允许连接"命令。

8. "解锁"工具

"解锁"工具用于对锁定的图元进行解锁。解锁后，便可以移动或删除该图元，而不会显示任何提示信息。可以选择多个要解锁的图元。如果所选的一些图元没有被锁定，则"解锁"工具无效。

选择要解锁的图元，切换到"修改 |<图元 >"选项卡，单击"修改"面板中的"解锁"按钮，选择要解锁的图元并按 Enter 键，在绘图区域中单击图钉控制柄将图元解锁后，锁定控制柄附近会显示 X，用以指明该图元已解锁。

9. 阵列工具

阵列的图元可以为沿一条线的"线性阵列"，也可以为沿一个弧形的"半径阵列"。选择要在阵列中复制的图元，切换到"修改 |< 图元 >"选项卡，单击"修改"面板中的"阵列"按钮，选择要在阵列中复制的图元按 Enter 键，在选项栏单击"线性"按钮，然后选择所需的选项。

📢 说明 :

> 使用"成组并关联"选项可以将阵列的每个成员包括在一个组中，如果未选择此选项，Revit 将会创建指定数量的副本，而不会使它们成组。在放置后，每个副本都独立于其他副本，无法再次修改阵列图元的数量；"项目数"选项可以指定阵列中所有选定图元的总数；"移动到"选项包括"第二个"和"最后一个"两个选项，"第二个"选项可以指定阵列中每个成员间的间距，其他阵列成员出现在第二个成员之后，而"最后一个"选项可以指定阵列的整个跨度，阵列成员会在第一个成员和最后一个成员之间以相等间隔分布；"约束"选项用于限制阵列成员沿着与所选图元在垂直或水平方向上的移动。

设置完成后，将光标移动到指定位置，单击确定起始点。移动光标到终点位置，再次单击完成第二个成员的放置。放置完成后，还可以修改阵列图元的数量。如不需要修改，可按 Esc 键退出，或按 Enter 键确定。在光标移动的过程中，两个图元之间会显示临时的尺寸标注，通过输入数值来确定两个图元之间的距离，然后按 Enter 键确认。

要创建半径阵列，先选择要在阵列中复制的图元，切换到"修改 |< 图元 >"选项卡，单击"修改"面板中的"阵列"按钮，选择要在阵列中复制的图元，按 Enter 键确认，然后在选项栏中单击"径向"按钮，选择所需的选项，如创建线性阵列中所述。

通过拖拽旋转中心控制点，将其重新定位到所需的位置，也可以单击选项栏中的"旋转中心：放置"按钮，然后单击以选择一个位置，阵列成员将放置在以该点为中心的弧形边缘。在大部分情况下，都需要将旋转中心控制点从所选图元的中心移走或重新定位，该控制点会捕捉到相关的点和线，也可以将其定位到开放空间中。

将光标移动到半径阵列的弧形开始的位置（一条自旋转符号的中心延伸至光标位置的线），单击以指定第一条旋转放射线。移动光标以放置第二条旋转放射线，此时会显示另外一条线，表示此放射线。旋转时会显示临时角度标注，并会出现一个预览图像，表示选择集的旋转。再次单击可放置第二条放射线，完成阵列。此时，在输入框中输入阵列的数量，按 Enter 键完成。

10．"比例"工具

若要同时修改多个图元，可使用造型操纵柄或"比例"工具。"比例"工具适用于线、墙、导入图像、参照平面、DWG 和 DX 以及尺寸标注的位置，以图形方式或数值方式来按比例缩放图元。

调整图元大小时，需要定义一个原点，图元将相对于该固定点等比改变大小。所有图元都必须位于平行平面中，选择集中的所有墙必须都具有相同的底部标高。

如果选择并拖拽多个图元的操纵柄，Revit 会同时调整这些图元的大小。拖拽多个墙控制柄，可同时调整它们的大小。将光标移到要调整大小的第一个图元上，然后按 Tab 键，当所需操纵柄呈高亮显示时单击选择即可。例如，要调整墙的长度，可将光标移动到墙的端点上，按 Tab 键高亮显示该操作柄，然后单击选择。

将光标移到要调整大小的下一个图元上，然后按 Tab 键，直到所需操作柄高亮显示，在按 Ctrl 键的同时，单击将其选择。对所有剩余图元重复执行此操作，直到选择了所需图元上的控制柄。在单击选择其他图元时，需要按 Ctrl 键，单击所选图元之一的控制柄，并拖拽该控制柄以调整大小，将同时调整其他选定图元的大小。

> 🔊 说明：
>
> 若要取消选择某个选定的图元（但不取消选择其他图元），则将光标移动到所选图元上，然后在按 Shift 键的同时单击该图元。

以图形方式进行比例缩放时需要单击 3 次，第 1 次单击确定原点，后两次单击定义比例。Revit 通过确定两个距离的比率来计算比例系数。例如，假定绘制的第 1 个距离为 5 cm，第 2 个距离为 10 cm，此时比例系数的计算结果为 2，图元将变成其原始大小的两倍。

选择要进行比例缩放的图元，切换到"修改|<图元>"选项卡，单击"修改"面板中的"缩放"按钮，接着按 Enter 键确认，在选项栏中选择"图形方式"选项，然后在绘图区域中单击以设置原点。

> 🔊 说明：
>
> 原点是图元相对于它改变大小的点，光标可捕捉到多种参照，按 Tab 键可修改捕捉点移动光标以定义第一个参照点，单击以设置长度。再次移动光标定义第二个参照点，单击以设置该点。选定图元将进行比例缩放使参照点 1 与参照点 2 重合。

若要以数值方式进行比例缩放，可先选择要进行比例缩放的图元，切换到"修改|<图元>"选项卡，单击"修改"面板中的"缩放"按钮，按 Enter 键确认，然后在选项栏中选择"比例方式"选项，在"比例"框中输入参数。最后在绘图区域中单击以设置原点，图元将会以原点为中心缩放。

在使用"比例"工具时，确保仅选择支持的图元。例如墙和线，只要整个选择集包含一个不受支持的图元，"比例"工具将不可用。

11．"删除"工具

"删除"工具可将选定图元从绘图中删除，但不会将删除的图元粘贴到剪贴板中。

选择要删除的图元，切换到"修改 |< 图元 >"选项卡，单击"修改"面板中的"删除"按钮，然后按 Enter 键确认。

在 Revit 中使用"删除"工具或按 Delete 键删除图元时，图元必须处于解锁状态。如果当前图元被锁定，软件将无法完成删除命令，并会打开对话框进行提示。对于标高、轴网等较为重要的图元，建议用户将其锁定，这样可以防止误操作导致删除。此功能目前只适用于 Revit 2015 及以上版本，其他早期版本无此限制，但删除锁定图元后会对用户进行提示。

12．族编辑器界面

族编辑器界面与项目界面非常类似。其菜单也和项目界面多数相同，在此不再赘述。值得注意的是，族编辑器界面会随着族类别或族样板的不同有所区别，主要是"创建"面板中的工具以及"项目浏览器"中的视图等会有所不同。

概念体量是 Revit 用于创建体量族的特殊环境，其特征是默认在 3D 视图中操作，其形体创建的工具也与常规模型有所不同。

2.3 文件的插入与链接

开始模型搭建后，经常需要从外部载入族、CAD 图纸或链接其他专业的 Revit 模型。在这个过程中，插入、链接这类操作出现的非常频繁。但不论是插入还是链接，都需要注意明确目标图元的坐标信息与单位，这样才能保证模型顺利地载入到项目中。

构建 Revit 模型就像是搭积木的过程，需要不断向模型中添加不同的图元，这其中，一些图元需要载入到项目中，另外一些图元只需链接进来作为参考。Revit 充分地考虑到了这点，为用户提供了多种命令来实现不同目的的插入与链接，如图 2-25 所示。

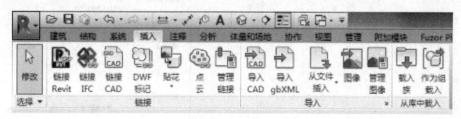

图 2-25

在项目实施过程中，经常会用不同的软件来创建模型与图纸。例如，方案阶段会使用 Sketchup 来创建三维模型，使用 AutoCAD 来绘制简单的二维图纸，这些文件都可以链接到

Revit 的文件当中，作为参考使用。

RVT：使用 Revit 创建的文件格式。

DWG：通常是用 AutoCAD 创建的文件格式。

SKP：由 Sketchup 创建的文件格式。

SAT：由 ACIS 核心开发出来的应用程序的共通格式。

DGN：由 MicroStation 创建的文件格式。

DWF：由 Revit 或 AutoCAD 等导出的文件格式。

2.4　选项工具的使用方法

"选项"工具提供 Revit 全局设置，其中包括界面的 UI、快捷键和文件位置等常用选项设置。可以在开启 Revit 文件，或关闭状态下对其进行设置更改。

打开 Revit 后，单击"应用程序菜单"图标，打开下拉菜单，如图 2-26 所示。单击"选项"按钮，打开"选项"对话框，当中提供了常用的设置选项供用户选择。

2.4.1　修改文件保存提醒时间

打开"选项"对话框后，默认会停留在"常规"选项栏，其中提供的设置有"保存提醒间隔""用户名""工作共享更新频率"等，如图 2-27 所示。

"保存提醒间隔"用来设置软件自动提示保存对话框的打开时间，默认软件的预设值为 30 min。如果模型文件较大，建议用户将其调整为 1 h，以达到增加绘图时间的目的。

展开"保存提醒间隔"下拉菜单，其中会提供几种不同的时间间隔供用户来选择，单击选择"一小时"，如图 2-27 所示，然后单击"确定"按钮，"保存提醒间隔"的时间就由默认的"30 分钟"调整为"一小时"。如果当前文件为中心文件副本，可将"与中心文件同步"提醒间隔也做相应的修改。

图　2-26

图　2-27

📢 说明 :

一般将"与中心文件同步"提醒间隔时间设置为"两小时"，因为同步过程中，文件需上传到服务器端，时间相对较长。这样可以保证工作组内的人可以即时看到模型更新的内容，也不会将过多的时间浪费在模型同步上。

2.4.2 调整软件背景颜色

许多用户在初次接触 Revit 的时候，会感觉软件背景不太习惯。大部分建筑师或其他专业工程师都习惯了 AutoCAD 的黑色背景，而 Revit 默认的绘图背景为白色。下面介绍如何将 Revit 的背景调整成与 AutoCAD 一致的黑色。

打开"选项"对话框，将当前选项切换到"图形"，将光标定位于"颜色"面板，然后在"颜色"面板中选择黑色，单击"确定"按钮，如图 2-28 所示。

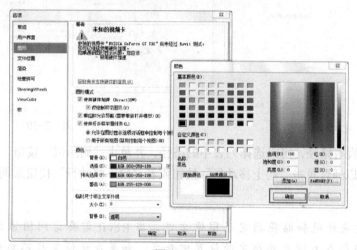

图 2-28

📢 说明 :

除了调整背景色外，图形选项中还提供了一些其他设置。例如，"使用软件加速（Direct3D®）"，选择后，可以加快显示模型的速度与视图切换。但如果图形显示有问题，或软件因此意外崩溃，则要取消此项选择。

2.4.3 快捷键的使用及更改

为了高效率地完成设计任务，设计师都会为软件设置一些快捷键来提高绘图效率。同样，要在 Revit 中高质量、快速地完成设计任务，同样需要设置一些常用的快捷键来提高效率。可以通过"搜索文字"或"过滤器"两种方式显示相关的命令，然后赋予相应的快捷键即可。如果设置的快捷键为单个字母或数字，那么使用快捷键时可能需要按下快捷键后，再按 Space 键才起作用。

2.4.4 指定渲染贴图位置

许多用过 3ds Max 的用户都经历过文件复制到其他计算机后贴图丢失的情况。但 3ds Max

本身提供贴图打包功能，可以将当前模型中所用到的贴图包括模型文件一并打包进压缩包中，同样具有渲染功能的Revit，当然也会有类似的事情发生。在Revit当中渲染，如果有自定义材质，需要将贴图文件放到一个文件夹中。下面介绍如何制定自定义贴图路径。

打开"选项"对话框，将当前选项切换到"渲染"，然后将光标定位于"其他渲染外观路径"面板，单击"添加值"按钮，在右侧地址栏中输入贴图路径，如图 2-29 所示，或单击按钮定位到所需位置，单击"打开"按钮完成操作，如图 2-30 所示。

图 2-29

图 2-30

如果要删除现有路径，可以选择列表中的路径，并单击"删除值"按钮。若要修改列表中路径的顺序，可以通过单击"向上移动行"按钮或者"向下移动行"按钮来调节。

说明：

如果为渲染外观和贴花指定了图像文件，当 Revit 需要访问图像文件时，首先会使用绝对路径在为该文件指定的位置中查找。如果在该位置找不到相应文件，则 Revit 将按照路径在列表中的显示顺序，依次在这些路径中搜索。

模块 3

项目准备

📖 **学习要点**

◎ 项目位置的设置；

◎ 地形表面的处理；

◎ 建筑红线的绘制；

◎ 设置项目方向；

◎ 场地构件摆放。

3.1 项目位置

项目开始之前，首先需要对项目的地理位置进行定位，以方便后期进行相关的分析、模拟提供有效的数据。根据地理位置得到的气象信息，将在能耗分析中被充分应用。可以使用街道地址、距离最近的主要城市或经纬度来指定它的地理位置。

在设置地理位置时，需要新建一个项目文件，才可以继续后面的操作。单击"应用程序菜单"图标，执行"新建→项目"命令，打开"新建项目"对话框，在"样板文件"中选择"建筑样板"选项，然后单击"确定"按钮。切换到"管理"选项卡，在"项目位置"面板中单击"地点"按钮。如果当前 PC 已经连接到互联网，可以在"定义位置依据"下拉列表中选择"Internet映射服务"选项，通过 Bing 地图服务显示互动的地图。

1．输入详细地址查找

在"项目地址"处输入"北京"，然后单击"搜索"，Bing 地图自动将地理位置定位到北京。此时将看到一些地理信息，包括项目地址、经纬度等。如需精确定位到当前城市的具体信息，可以将光标移动到图标上，按下鼠标左键进项拖拽，直到拖拽到合适的位置。

2．输入经纬度坐标查找

除了使用 Bing 地图搜寻功能，还可以在"项目地址"栏输入经纬度坐标，按照"纬度,经度"的格式进行输入。

🔊 **说明**：

> 如果当前无法连接网络，但可得知地点精确的经纬度，此时可以直接输入经纬度信息来确定地理位置，相应的天气数据信息等系统会自动调用，不影响后期日光分析等功能的使用。

3．默认城市列表

如果计算机无法连接互联网，可以通过软件自身的城市列表来进行选择。在"定义位置依据"列表下，选择"默认城市列表"选项，然后在"城市"列表中选择所在的城市。同样，也可以直接输入城市的经纬度值来指定项目的位置。

打开"位置、气候和场地"对话框，切换到"天气"选项，可以看到这里已经提供了相应的气象信息。"天气"选项卡中会填入最近一个气象站所提供的数据。

3.2 场地设计

绘制一个地形表面，然后添加建筑红线建筑地坪、停车场和场地构件，并为这一场地设计创建三维视图对其进行渲染，以提供真实的演示效果。

3.2.1 场地设置

在开始场地设计之前，可以根据需要对场地做一个全局设置，包括定义等高线间隔、添加用户定义的等高线，以及选择剖面填充样式等。

切换到"体量和场地"选项卡，然后单击"场地建模"面板中的"场地设置"按钮，如图 3-1 所示。

图　3-1

1．显示等高线并定义间隔

在"显示等高线"中选择"间隔"选项，并输入一个值作为等高线间隔，如图 3-2 所示。如果将等高线间隔设置为 10 000 mm、"经过高程"设置为 0 mm 时，等高线将出现在 0 m、10 m、和 20 m 的位置。当"经过高程"的值设置为 5000 mm 时，则等高线会出现在 5 m、15 m 和 25 m 的位置。

2．将自定义等高线添加到平面中

在"显示等高线"中取消选择"间隔"选项，就可以在"附加等高线"中添加自定义等高线。当"范围类型"为单一值时，那么可为"起点"指定等高线的高程，为"子类别"指定等高线的线样式，如图 3-3 所示。

当"范围类型"为多值时,可指定"附加等高线"的"起点""终点"和"增量"属性,为"子类别"指定等高线的线样式,如图 3-4 所示。

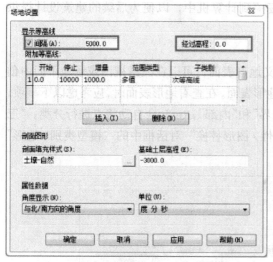
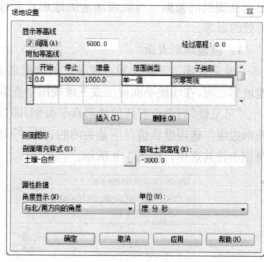

图 3-2　　　　　　　　　　　　　　　图 3-3

3．指定剖面图形

"剖面填充样式"选项可为剖面视图中的场地赋予不同效果的材质,"基础土层高程"用于控制土壤横断面的深度,该值控制项目中全部地形图元的土层深度,如图 3-5 所示。

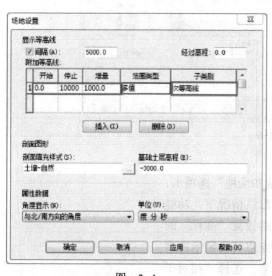
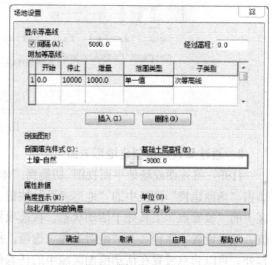

图 3-4　　　　　　　　　　　　　　　图 3-5

4．指定属性数据设置

"角度显示"提供了两种选项,分别是"度"和"与北 / 南方向的角度"。如果选择"度",则在建筑红线方向角表中,以 360° 方向标准显示建筑红线,使用相同的符号显示建筑红线标记。

"单位"提供了两种选项,分别是"度分秒"和"十进制度数"。如果选择"十进制度数",则建筑红线方向角表中的角度显示为十进制数而不是度、分和秒。

3.2.2 场地建模

在建筑设计过程中,首先要确定项目的地形结构。在Revit当中提供了多种建立地形的方式,根据勘测到的数据,可以将场地的地形直观地复原到计算机中,以便为后续的建筑设计提供有效的参考。

1. 创建地形表面

"地形表面"工具使用点或导入的数据来定义地形表面,可以在三维视图或场地平面中创建地形表面,在场地平面视图或三维视图中查看地形表面。在查看地形表面时,应考虑以下事项。

"可见性"列表中有两种地形点子类别,即"边界"和"内部",Revit 会自动将点进行分类。"三角形边缘"选项默认情况下是关闭的,从"可见性/图形替换"对话框中的"模型类别/地形"类别中将其选中,如图 3-6 所示。

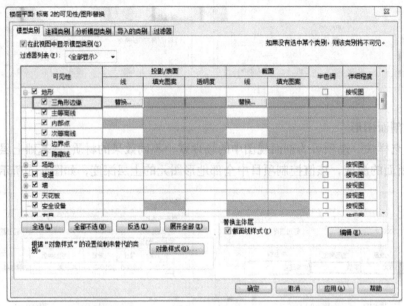

图 3-6

2. 通过放置点来创建地形表面

打开三维视图或场地平面视图,切换到"体量和场地"选项卡,单击"场地建模"面板中的"地形表面"按钮。默认情况下,功能区上的"放置点"工具处于活动状态。在选项栏中设置"高程"的值,然后设置"高程"为"绝对高程"选项,指定点将会显示在高程处,可以将点放置在活动绘图区域中的任意位置。选择"相对于表面"选项,可以将指定点放置在现有地形表面上的高程处,从而编辑现有地形表面。要使该选项的使用效果更明显,需要在着色的三维视图中工作,依次输入不同的高程点,并在绘图区域单击完成高程点的放置,如图 3-7 所示,然后单击"完成"按钮,完成当前地形的创建。

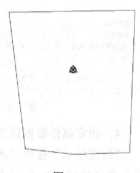

图 3-7

3. 使用导入的三维等高线数据

可以根据以 DWG、DXF 或 DGN 格式导入的三维等高线数据自动生成地形表面,Revit 会分析数据并沿等高线放置一系列高程点（此过程在三维视图中进行）。

切换到"插入"选项卡，单击"导入"面板中的"导入 CAD"按钮，在弹出的对话框中选择地形文件，单击"打开"按钮。切换到"修改|编辑表面"选项卡，在"工具"面板中设置"通过导入创建"为"选择导入实例"命令，选择绘图区域中已导入的三维等高线数据，此时出现"从所选图层添加点"对话框，选择要将高程点应用于其的图层，单击"确定"按钮，然后单击"完成"按钮，完成当前地形的创建。

4. 使用点文件

切换到"修改|编辑表面"选项卡，在"工具"面板中，选择"通过导入创建"菜单下的"指定点文件"命令。在打开的"打开"对话框中，定位到点文件所在的位置，在"格式"对话框中，指定用于测量点文件中的点的单位，然后单击"确定"按钮，Revit 将根据文件中的坐标信息生成点和地形表面，单击"完成表面"按钮，完成当前地形的创建。

📢 **说明：**

点文件通常是由土木工程软件应用程序来生成的。使用高程点的规则网格，该文件提供等高线数据。要提高与带有大量点的表面相关的系统性能，可简化表面。

5. 简化地形表面

地形表面上的每个点会创建三角几何图形，这样会增加计算耗用。当使用大量的点创建地形表面时，可以简化表面来提高系统性能。

切换到"修改|地形"选项卡，单击"表面"面板中的"编辑表面"按钮，切换到"编辑表面"选项卡，单击"工具"面板中的"简化表面"按钮，打开场地平面视图，选择地形表面，输入表面精度值，单击"确定"按钮，如图 3-8 所示，然后单击"完成表面"按钮。

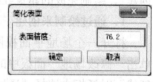

图 3-8

3.2.3 修改场地

当原始的地形模型建立完成后，为了更好地进行后续的工作，还需要对生成之后的地形模型进行一些修改与编辑，其中包括地形的拆分和平整等工作。

1. 拆分地形表面

可以将一个地形表面拆分为多个不同的表面，然后分别编辑各个表面。在拆分表面后，可以为这些表面指定不同的材质来表示公路、湖、广场或丘陵，也可以删除地形表面的一部分。

如果在导入文件时，未测量区域出现了瑕疵，可以使用"拆分表面"工具，删除由导入文件生成的多余的地形表面。

打开场地平面或三维视图，切换到"体量和场地"选项卡，单击"修改场地"面板中的"拆分表面"按钮，在绘图区域中选择要拆分的地形表面，Revit 将输入草图模式，绘制拆分表面，单击"确定"按钮，然后单击"完成"按钮。

📢 **说明：**

如果绘制的是单独拆分线段，必须超过现有地形表面边缘。如果地形内部绘制拆分表面，必须是围合的线段。

2．合并地形表面

使用"合并表面"命令可以将两个单独的地形表面合并。合并的表面必须重叠或有公共边。切换到"体量和场地"选项卡，单击"修改场地"面板中的"合并表面"按钮，在选项栏中取消选择"删除公共边上的点"选项（此选项可删除表面被拆分后所被插入的多余点，在默认情况下处于选中状态），选择一个要合并的地形表面，然后选择另一个地形表面，这两个表面将合并为一个。

3．地形表面子面域

地形表面子面域是在现有地形表面中绘制的区域。例如，可以使用子面域在平整表面，道路或岛上绘制停车场。创建子面域不会生成单独的表面，仅定义可应用不同属性集（例如材质）的表面。

打开一个显示地形表面的场地平面，切换到"体量和场地"选项卡，单击"修改场地"面板中的"子面域"按钮，Revit 将进入草图模式，单击绘制工具在地形表面上创建一个子面域，然后单击"完成表面"按钮，完成子面域的添加。

若要修改子面域，可选择子面域并切换到"修改 | 地形"选项卡，然后单击"模式"面板中的"编辑边界"按钮，再单击"拾取线"按钮（或使用其他绘图工具修改地形表面上的子面域）即可。

3.2.4　建筑红线

在 Revit 当中创建建筑红线，可以选择"通过输入距离和方向角来创建"和"通过绘制来创建"。绘制完成的建筑红线，系统会自动生成面积信息，并可以在明细表中统计。

1．通过绘制来创建

打开一个场地平面视图，切换到"体量和场地"选项卡，单击"修改场地"面板中的"建筑红线"按钮，在"创建建筑红线"对话框中选择"通过绘制来创建"选项，如图 3-9 所示，然后单击"拾取线"按钮（或使用其他绘图工具来绘制线），再单击"完成红线"按钮。

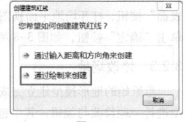

图 3-9

这些线应当形成一个闭合环，如果绘制一个开放环并单击"完成红线"按钮，Revit 会发出一条警告，说明无法计算面积，可以忽略该警告继续工作，或将环闭合。

2．通过输入距离和方向角来创建

在"创建建筑红线"对话框中，选择"通过输入距离和方向角来创建"选项。在"建筑红线"对话框中，单击"插入"按钮，然后从测量数据中添加距离和方向角，将建筑红线描绘为弧，根据需要插入其余的线，再单击"向上"按钮或"向下"按钮修改建筑红线的顺序，在绘图区域中将建筑红线移动到确切位置，单击放置建筑红线。

3．建筑红线面积

单击选中建筑红线，在属性对话框中可以看到建筑红线面积值。该值为只读，不可在此参数中输入新的值，在项目所需的经济技术指标中可根据此数据填写基地面积。

4．修改建筑红线

选择已有的建筑红线，切换到"修改 | 建筑红线"选项卡，然后单击"建筑红线"面板中的"编辑草图"按钮，进入草图编辑模式，可以对现有的建筑红线进行修改。

3.2.5 项目方向

根据建筑红线的形状，确定本项目所建对象的建筑角为"北偏东30度"，以此可确定项目文件中的项目方向。

在 Revit 中有两种项目方向，一种为"正北"，另一种是"项目北"。"正北"是绝对的正南北方向，而当建筑的方向不是正南北方向时，通常在平面图纸上不宜变换为成角度的、反映真实南北的图形。此时可以通过将项目方向调整为"项目北"，而达到使建筑模型具有正南北布局效果的图形表现。

1．旋转正北

默认情况下，场地平面的项目方向为"项目北"。在"项目浏览器"中单击"场地"平面视图，观察"属性"面板，可见"方向"为"项目北"。

切换到"管理"选项卡，在"项目位置"面板中选择"位置"菜单下的"旋转正北"命令，在选项栏输入"从项目到正北方向的角度"为30°，方向选择为"东"，然后按 Enter 键确认。

可以直接在绘图区域进行旋转，此时再将"场地"平面视图的"方向"调整为"项目北"，建筑红线会自动根据项目北的方向调整角度。

2．旋转项目北

旋转项目北，可调整项目偏移正南北的方向。当"场地"平面视图的"方向"为"项目北"时，切换到"管理"选项卡，单击"项目位置"面板中的"地点"按钮，在"位置、气候和场地"对话框中单击"场地"选项卡，可确认目前项目的方向，如图3-10所示。

切换到"管理"选项卡，然后在"项目位置"面板中选择"位置"菜单下的"旋转项目北"命令。

在"旋转项目"对话框中选择"顺时针90°"选项，如图3-11所示。在右下角的警告对话框中单击"确定"按钮，此时项目方向将自动更新。再次查看"位置、气候和场地"下的"场地"选项卡中的方向数据，可发现角度值已调整为120°。

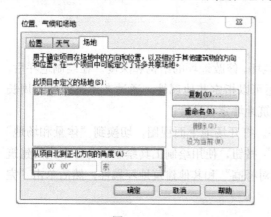

图 3-10

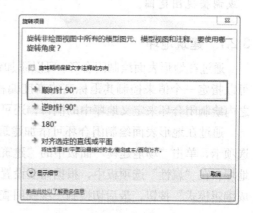

图 3-11

📢 **说明：**

通常情况下，"场地"平面视图采用的是"正北"方向，而其余楼层平面视图采用的是"项目北"方向。

3.2.6　项目基点与测量点

每个项目都有"项目基点"和"测量点"，但是由于可见性设置和视图剪裁，它们不一定在所有的视图中都可见。这两个点是无法删除的，在"场地"视图中默认显示"测量点"和"项目基点"。

项目基点定义了项目坐标系的原点（0,0,0）。此外，项目基点还可用于在场地中确定建筑的位置以及定位建筑的设计图元。参照项目坐标系的高程点坐标和高程点，将相对于此点显示相应数据。

测量点代表现实世界中的已知点（如大地测量标记），可用于在其他坐标系（如在土木工程应用程序中使用的坐标系）中确定建筑几何图形的方向。

1．移动项目基点和测量点

在"场地"视图中单击"项目基点"，分别输入"北/南"和"东/西"的值为（1000,1000），此时项目位置相对于测量点将发生移动。

2．固定项目基点和测量点

为了防止因为误操作而移动了项目基点和测量点，可以在选中点后，切换到"修改|项目基地"选项卡（或"修改|测量点"选项卡），然后单击"视图"面板中的"锁定"按钮来固定这两个点的位置。

3．修改建筑地坪

通过编辑建筑地坪边界，可为建筑地坪定义坡度，选中需要修改的地坪，切换到"修改|建筑地坪"选项卡。然后单击"模式"面板中的"编辑边界"按钮，使用绘制工具进行修改，若要使建筑地坪倾斜，则使用坡度箭头。

> **说明：**
>
> 如果楼层平面视图中看见建筑地坪，可将建筑地坪偏移设置为比标高1更高的值或调整视图范围。

3.2.7　建筑地坪

通过在地形表面绘制闭合环，可以添加建筑地坪，修改地坪的结构和深度。在绘制地坪后，可以指定一个值来控制其距标高的高度偏移，还可以指定其他属性。通过在建筑地坪的周长之内绘制闭合环来定义地坪中的洞口，还可为建筑地坪定义坡度。

通过在地形表面绘制闭合环可添加建筑地坪。打开场地平面视图，切换到"体量和场地"选项卡，单击"场地建模"面板中的"建筑地坪"按钮，使用绘制工具绘制闭合环形式的建筑地坪，在"属性"选项板中，根据需要设置"相对标高"和其他建筑地坪属性，然后单击"完成编辑模式"按钮，最后切换到三维视图查看。

3.2.8　停车场及场地构件

当处理完成场地建模后，需要基于场地布置一些相关构件，下面介绍如何布置停车场及绿植等构件。

1．停车场构件

可以将停车位添加到地形表面中，并将地形表面定义为停车场构件的主体。

打开显示要修改的地形表面的视图，切换到"体量和场地"选项卡，单击"模型场地"面板中的"停车场构件"按钮，将光标放置在地形表面上，单击放置构件。可按需要放置更多的构件，也可创建停车场内构件阵列。

2. 场地构件

可在场地平面中放置场地专用构件（如树、电线杆和消防栓）。如果未在项目中载入场地构件，则会出现提示消息指出"尚未载入相应的族"。

打开显示要修改的地形表面的视图，切换到"体量和场地"选项卡，单击"场地建模"面板中的"场地构件"按钮，从类型选择器中选择所需的构件，在绘图区域中单击以添加一个或多个构件。

模块 4

创建标高和轴网

📓 **学习要点**

◎ 标高的绘制；

◎ 轴网的绘制。

在 Revit 中，标高和轴网是建筑构件在立、剖面和平面视图中定位的重要依据，是建筑设计重要的定位信息，同时，标高和轴网是在 Revit 平台上实习建筑、结构、机电全专业间三维协同设计的工作基础与前提条件。

4.1 创建和编辑标高

在 Revit 中首先要创建标高部分，几乎所有的建筑构件都是基于标高创建的。所以，在 Revit 中开始建模前，应先对项目的层高和标高信息做出整体规划。在建立模型时，Revit 将通过标高确定建筑构件的高度和空间位置。

4.1.1 创建标高

使用"标高"工具，可定义垂直高度或建筑内的楼层标高。要添加标高，必须处于剖面视图或立面视图中，添加标高时可以创建一个关联的平面视图。

打开要添加标高的剖面视图或立面视图，切换到"建筑"选项卡（或者"结构"选项卡），单击"基准"面板中的"标高"按钮，将光标放置在绘图区域之内，单击并水平移动光标绘制标高线。

在选项栏中，默认情况下"创建平面视图"处于选择状态，如图 4-1 所示。因此，所创建的每个标高都是一个楼层，并且拥有关联楼层平面视图和天花板投影平面视图。

修改 | 放置 标高	☑ 创建平面视图	平面视图类型...	偏移量: 0.0

图　4-1

如果在选项栏中单击"平面视图类型"，则仅可以选择创建在"平面视图类型"对话框中指定的视图类型。如果取消了"创建平面视图"选项，则认为标高是非楼层的标高或参照标高，并且不创建关联的平面视图。对于墙及其他以标高为主体的图元，可以将参照标高用作自己的墙顶定位标高或墙底定位标高。

当绘制标高线时，标高线的头和尾可以相互对齐。选择与其他标高线对齐的标高线时，将会出现一个锁以显示对齐，如图 4-2 所示。如果水平移动标高线，则全部对齐的标高线都会随之移动。

当标高线达到合适的长度时单击，通过单击其编号以选择该标高，可以改变其名称，也可以单击其尺寸标注来改变标高的高度。

Revit 会为新标高指定标签（如"标高 1"）和"标高"图标。如果需要，可以使用"项目浏览器"重命名标高。如果重命名标高，则相关的楼层平面和天花板投影平面的名称也将随之更新。

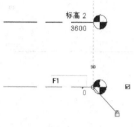

图 4-2

📢 说明：

    标高只能在立面或剖面视图当中创建。当放置光标以创建标高时，如果光标与现有的标高线对齐，则光标和该标高线之间会显示一个临时的垂直尺寸标注。

4.1.2 编辑标高

当标高创建完成后，需要进行一些适当的修改，才能符合项目与出图要求。如表头样式、标高线型图案等。

1．更改标高类型

可以在放置标高前进行修改，也可以对绘制完成的标高进行修改。切换到立面或者剖面视图，在绘图区域中选择标高线，在类型选择器中选择其他标高类型，如图 4-3 所示。

2．在立面视图中编辑标高线

（1）调整标高线的尺寸。选择标高线，单击蓝色尺寸操纵柄，并向左或向右拖拽光标，如图 4-4 所示。

（2）升高或降低标高。选择标高线，单击与其相关的尺寸标注值，然后输入新尺寸标注值，如图 4-5 所示。

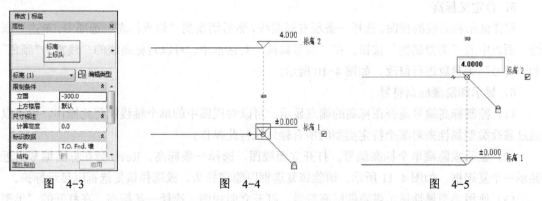

图 4-3　　　　　　　　　图 4-4　　　　　　　　　图 4-5

（3）重新标注标高。选择标高并单击标签框，输入新标高标签，如图 4-6 所示。

3．移动标高

选择标高线，在该标高线与其直接相邻的上下标高线之间，将显示临时尺寸标注。若要上下移动选定的标高，则单击临时尺寸标注，输入新值并按 Enter 键确认，如图 4-7 所示。

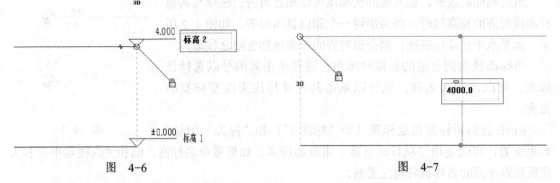

图 4-6   图 4-7

如果要移动多条标高线，则先选择要移动的多条标高线，将鼠标放置在其中一条标高上，然后按住鼠标左键上下拖拽。

4．使标高线从其标号偏移

绘制一条标高线，或选择一条现有的标高线，然后选择并拖拽编号附近的控制柄，以调整标高线的大小。单击"添加弯头"图标，如图 4-8 所示，将控制柄拖拽到正确的位置，从而将编号从标高线上移开，如图 4-9 所示。

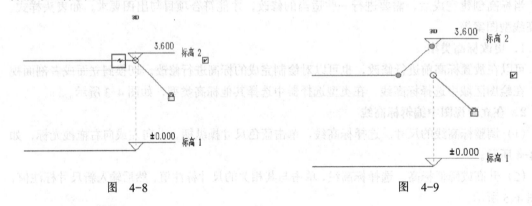

图 4-8   图 4-9

5．自定义标高

打开显示标高线的视图，选择一条现有标高线，然后切换到"修改标高"选项卡，单击"属性"面板中的"类型属性"按钮。在"类型属性"对话框中，可以对标高线的"线宽""颜色"和"符号"等参数进行修改，如图 4-10 所示。

6．显示和隐藏标高符号

（1）控制标高编号是否在标高的端点显示，可以对视图中的单个轴线执行此操作，也可以通过修改类型属性来对某个特定类型的所有轴线执行此操作。

（2）显示或隐藏单个标高编号。打开立面视图，选择一条标高，Revit 会在标高编号附近显示一个复选框，如图 4-11 所示。清除该复选框以隐藏标头，或选择该复选框以显示标头。

（3）使用类型属性显示或隐藏标高符号。打开立面视图，选择一条标高，在打开的"类型属性"对话框中，选择"端点 1 处的默认符号"选项，如图 4-12 所示。这样，视图中标高的两个端点都会显示标头，如图 4-13 所示。如果只选择端点 1，标头会显示在左侧端点；如果只选择端点 2，标头则会显示在右侧端点处。

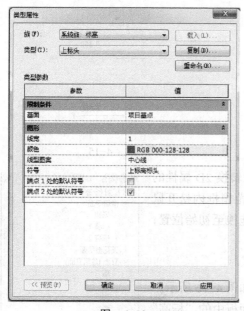

图 4-10

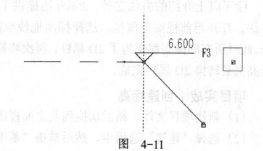

图 4-11

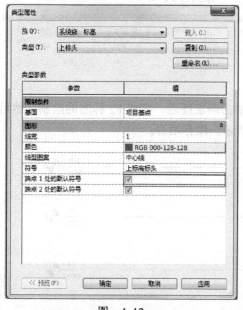

图 4-12

图 4-13

7．切换标高 2D/3D 属性

标高绘制完成后会在相关立面及剖面视图中显示，在任何一个视图中修改，都会影响到其他视图。但出于某些情况，例如出施工图纸的时候，可能立面与剖面视图中所要求的标高线长度不一样，如果修改立面视图中的标高线长度，也会直接显示在剖面视图中。为了避免这种情况的发生，Revit 提供了 2D 方式调整。选择标高后单击 3D 字样，如图 4-14 所示，标高将切换到 2D 属性，如图 4-15 所示，这时拖拽标头延长标高线的长度后，其他视图不会受到任何影响。

图 4-14　　　　　　　　　　　　　图 4-15

除了以上介绍的方法之外，Revit 还提供了批量转换 2D 属性的方法。打开当前视图范围框，选择标高拖拽至视图范围框内松开鼠标，此时所有的标高都变为了 2D 属性。再次将标高拖拽至初始位置，标高批量转换 2D 属性完成。

项目实战：创建标高

（1）新建项目文件，然后切换到北立面视图，如图 4-16 所示。

（2）选择"建筑"选项卡，然后单击"基准"面板中的"标高"按钮，如图 4-17 所示，接着在"属性"面板中选择"下标头样式"。

图 4-16

图 4-17

（3）沿着正负零标高单击以确定起始点，再次单击确定终点，完成 F2 标高的绘制，然后依次完成 F3 和屋顶标高的绘制，完成后如图 4-18 所示。保存项目。

图 4-18

4.2 创建和编辑轴网

轴网用于在平面视图中定位项目图元，标高创建完成后，可以切换至任意平面视图（如楼层平面视图）来创建和编辑轴网。

4.2.1 创建轴网

使用"轴网"工具可以在模型中放置轴网线，然后沿着轴线添加相应主体和构件。轴线是有限平面，可以在立面视图中拖拽其范围，使其不与标高线相接，这样便可以确定轴线是否出现在为项目创建的每个新平面视图中。轴网可以是直线、圆弧或者多线。切换到"建筑"选项卡（或者"结构"选项卡），单击"基准"面板中的"轴网"按钮，然后在"修改 / 放置轴网"选项卡中的"绘制"面板中选择"草图"选项。

选择"直线"绘制一段轴线，在绘图区单击确定起始点，当轴线达到正确的长度时再次单击完成。Revit 会自动为每个轴线编号，如图 4-19 所示。可以使用字母作为轴线的值，如果将第一个轴网编号改为字母，则所有后续的轴线将进行相应的更新。

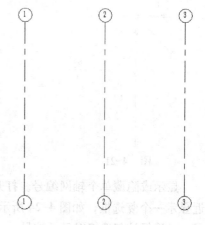

图 4-19

📢 **说明：**

当绘制轴线时，可以让各轴线的头部和尾部相互对齐。如果轴线是对齐的，则选择线时会出现一个锁以指明对齐；如果移动轴网范围，则所有对齐的轴线都会随之移动。

4.2.2 编辑轴网

当轴网创建完成后，通常需要对轴网进行一些适当设置与修改。

1．修改轴网类型

修改轴网类型的方法与标高相同，都可以在放置前或放置后进行修改。切换到平面视图，在绘图区域中选择轴线，在类型选择器中选择其他轴网类型，如图 4-20 所示。

2．更改轴网值

在轴网标题或"名称"实例"属性"面板中直接更改轴网值。选择轴网标题，然后单击轴网标题中的值输入新值，如图 4-21 所示。可以输入数字或字母，也可以选择轴网线并在"属性"选项板上输入其他的"名称"属性值。

图 4-20

3．使轴线从其编号偏移

绘制轴线或选择现有的轴线，在靠近编号的线端有拖拽控制柄。若要调整轴线的大小，可以选择并移动靠近编号的端点拖拽控制柄。单击"添加弯头"图标，如图 4-22 所示，然后将图标拖拽到合适的位置，从而将编号从轴线中移开，如图 4-23 所示。

4．显示和隐藏轴网编号

控制轴网编号是否在轴线的端点显示。可以对视图中的单个轴线执行此操作，也可以通过修改类型属性来对某个特定类型的所有轴线执行此操作。

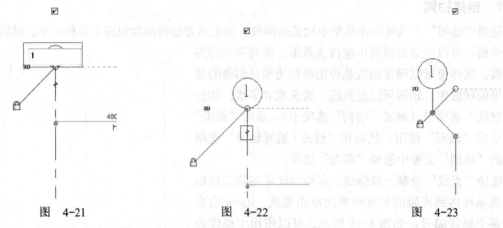

图 4-21   图 4-22   图 4-23

　　显示或隐藏单个轴网编号。打开显示轴线的视图，选择一条轴线，Revit 会在轴网编号附近显示一个复选框，如图 4-24 所示。清除该复选框以隐藏编号，或选择该复选框以显示编号。

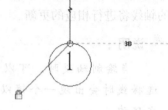

图　4-24

　　使用类型属性显示或隐藏轴网编号。打开显示轴线的视图，选择一条轴线，然后切换到"修改 / 轴网"选项卡，单击"属性"面板中的"类型属性"按钮。在"类型属性"对话框中，若要在平面视图中的轴线的起点处显示轴网编号，则选择"平面视图轴号端点 1（默认）"；若要在平面视图中的轴线的终点处显示轴网编号，则选择"平面视图轴号端点 2（默认）"，如图 4-25 所示。

　　在除平面视图之外的其他视图（如立面视图和剖面视图）中，指明显示轴网编号的位置。对于"非平面视图符号（默认）"，选择"顶""底""两者"（顶和底）或"无"，如图 4-26 所示，单击"确定"按钮，Revit 将更新所有视图中该类型的所有轴线。

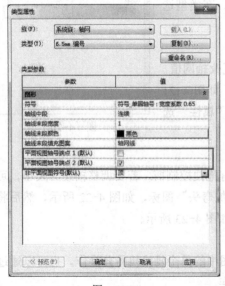

图　4-25

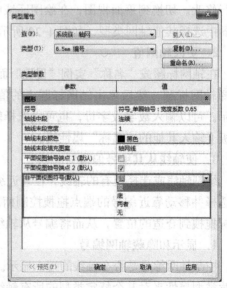

图　4-26

5．调整轴线中段

调整各轴线中的间隙或轴线中段的长度，需要调整间隙，以便轴线不显示为穿过模型图元的中心。在类型属性中，当轴线的"轴线中段"参数为"自定义"或"无"的轴网类型时，该功能才可用，如图 4-27 所示。

选择视图中的轴线，轴线上显示一个图标，将图标沿着轴线拖拽，轴线末段会相应地调整其长度，如图 4-28 所示。

图　4-27

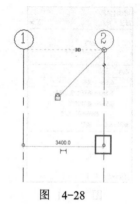

图　4-28

6．切换轴网 2D/3D 属性

除了标高有这些属性以外，轴网同样具有这样的特性。操作方法与标高的操作方法一致，限于篇幅，本书不做详细介绍。

7．自定义轴线

打开显示轴线的视图，选择一条轴线，切换到"修改 / 轴网"选项卡，单击"属性"面板中的"类型属性"按钮。在"类型属性"对话框中，可以对标高线的"线宽""颜色"和"符号"等参数进行修改，如图 4-29 所示。

项目实战：创建轴网

（1）打开学习资源中的"模块 4>01.rvt"文件，切换到"建筑"选项卡，单击"基准"面板中的"轴网"按钮，如图 4-30 所示。

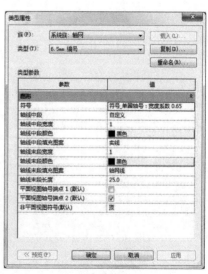

图　4-29

图　4-30

（2）选择"轴网"命令后，在属性浏览器中可选择轴网类型，这里我们选的是"轴网：6.5mm 编号"，如图 4-31 所示。

（3）在视图中单击以确定起始点，再次单击完成轴线 1 的绘制。使用"绘制"和"复制"工具完成案例项目 CAD 图纸中的轴网，绘制完成后的效果如图 4-32 所示。

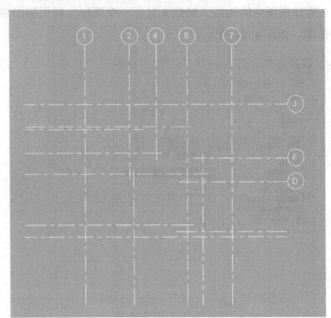

图 4-31   图 4-32

模块 5

创建墙体

📖 **学习要点**

◎ 基本墙体的创建和编辑方法；

◎ 叠层墙的创建和编辑方法；

◎ 幕墙的创建和编辑方法。

在 Revit 2016 中，墙属于系统族。Revit 2016 共提供 3 种类型的建筑墙族：基本墙、层叠墙和幕墙。所有墙类型都通过这 3 种系统族建立。

5.1 添加墙体

在创建墙体之前，需要对墙体结构形式进行设置，包括墙厚、做法、材质、功能等，再指定墙体的平面位置、高度等参数。

5.1.1 墙体结构

Revit 中的墙包含多个垂直层或区域，墙的类型参数"结构"中定义了墙的每层的位置、功能、厚度和材质。Revit 预设了 6 种层的功能，分别为"面层 1[4]""保温层 / 空气 [3]""涂膜层""结构 [1]""面层 2[5]""衬底 [2]"。[] 内的数字代表优先级，可见"结构"层具有最高优先级，"面层 2"具有最低优先级。Revit 会首先连接优先级高的层，然后连接优先级低的层。

预设层参数介绍：

（1）面层 1[4]：通常是外层。

（2）保温层 / 空气 [3]：隔绝并防止空气渗透。

（3）涂膜层：通常用于防止水蒸气渗透薄膜，涂膜层的厚度通常为 0。

（4）结构 [1]：支持其余墙、楼板或屋顶的层。

（5）面层 2[5]：通常是内层。

5.1.2 墙的定位线

墙的"定位线"用于在绘图区域中指定路径来定位墙，也就是墙体的哪一个平面作为绘制墙体的基准线。

墙的定位方式共有 6 种，包括"墙中心线"（默认）、"核心层中心线"、"面层面：外部"、"面层面：内部"、"核心面：外部"和"核心面：内部"。墙的核心是指其主结构层，在非复合的砖墙中，"墙中心线"和"核心层中心线"会重合。

项目实战：绘制建筑外墙

（1）打开学习资源中的"模块 5>01.rvt"文件。

（2）切换到 F1 楼层平面，然后在"建筑"选项卡中单击"构建"面板中的"墙"按钮。

（3）在"属性"面板中选择"类型"为"基本墙：常规 -200mm"，然后单击"编辑类型"按钮，如图 5-1 所示。

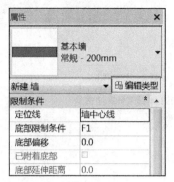
图 5-1

（4）在弹出的"类型属性"对话框中单击"复制"按钮，创建新的墙体，修改名称后单击"确定"按钮，然后单击对话框中的"编辑"按钮，打开墙体编辑器，如图 5-2 所示。

（5）打开"编辑部件"对话框，单击"插入"按钮，然后分别插入"保温层"与"面层"并设置"厚度"，通过"向上"或"向下"按钮调整当前层所在的位置，最后单击"确定"按钮关闭当前对话框，如图 5-3 所示。

图 5-2

图 5-3

📢 说明：

如果需要删除现有的墙层，可以选中任一墙层，然后单击"删除"按钮即可。

（6）"保温层"与"面层"添加完成后，将光标切换到"结构"层＜按类别＞单元格中，然后打开"材质浏览器"，如图 5-4 所示。

（7）打开"材质浏览器"后，在搜索框中输入"空心砖"，然后选择搜索列表中的"砖 - 空心"材质，接着单击"确定"按钮，如图 5-5 所示。

（8）按照相同的方法，将"保温层"与"面层"也赋予不同的材质，如图 5-6 所示。

（9）单击"预览"按钮，然后设置"视图"为"剖面：修改类型属性"，如图 5-7 所示。

（10）单击"拆分区域"按钮，然后将光标移动到墙体拆分的位置后单击，如图 5-8 所示。

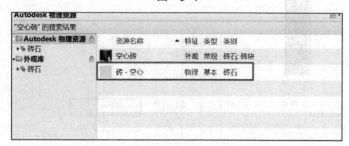

	功能	材质	厚度	包络	结构材质
1	面层 1 [4]	<按类别>	20.0	☑	
2	保温层/空气	<按类别>	20.0	☑	
3	核心边界	包络上层	0.0		
4	结构 [1]	<按类别>	200.0		☑
5	核心边界	包络下层	0.0		

图 5-4

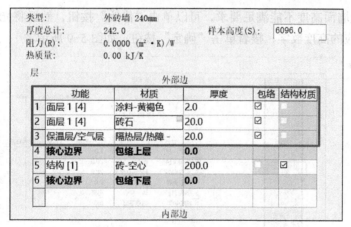

图 5-5

类型: 外砖墙 240mm
厚度总计: 242.0   样本高度(S): 6096.0
阻力(R): 0.0000 (m² · K)/W
热质量: 0.00 kJ/K

层

外部边

	功能	材质	厚度	包络	结构材质
1	面层 1 [4]	涂料-黄褐色	2.0	☑	
2	面层 1 [4]	砖石	20.0	☑	
3	保温层/空气层	隔热层/热障 -	20.0	☑	
4	核心边界	包络上层	0.0		
5	结构 [1]	砖-空心	200.0		☑
6	核心边界	包络下层	0.0		

内部边

图 5-6

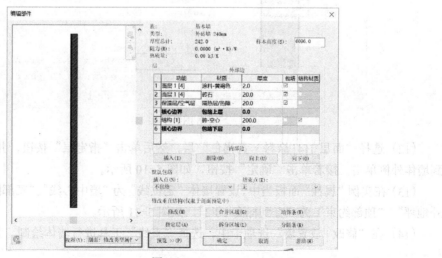

图 5-7

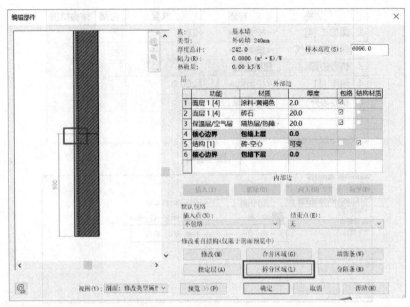

图 5-8

（11）若拆分墙面高度不能满足要求，可以单击"修改"按钮，然后将光标移动到分割线上单击，输入相应的高度数字，接着单击"确定"按钮，如图 5-9 所示。

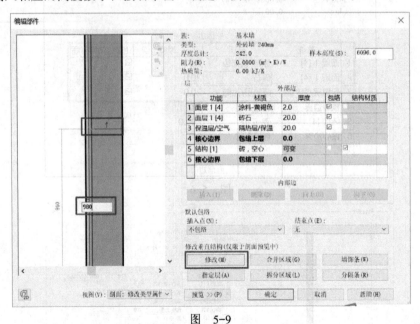

图 5-9

（12）选择"面层 1[4] 涂料－黄褐色"层，然后单击"指定层"按钮，并将鼠标指针放置到墙体外侧单击，接着单击"确定"按钮，如图 5-10 所示。

（13）在实例"属性"面板当中，设置墙体"定位线"为"墙中心线"、"底部限制条件"为"室外地坪"、"顶部约束"为"直到标高：F2"，如图 5-11 所示。

（14）在"修改 | 放置墙"选项卡中，选择"直线"工具进行墙体绘制，如图 5-12 所示。

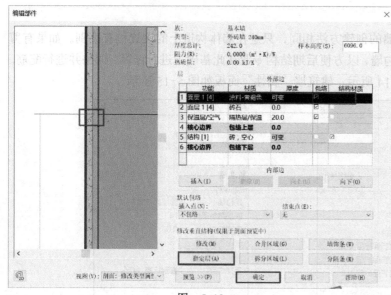

图 5-10

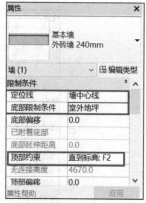

图 5-11

📢 **说明**：

> 绘制墙体时，应该按照顺时针方向进行绘制。如果采用相反方向，则绘制的墙体内侧将反转为外侧。如果需调整墙体内外侧翻转，也可以选中墙体按 Space 键进行切换。

（15）全部外墙绘制完成后，切换到三维实体查看最终效果，如图 5-13 所示。

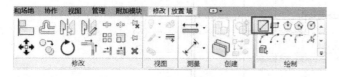

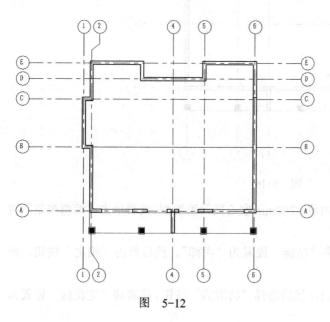

图 5-12

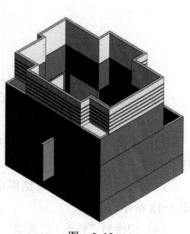

图 5-13

5.1.3　创建室内墙体

室内隔墙与剪力墙同外墙的创建方法相同，只是在墙体构造上的设置稍有区别。如果有剪力墙，绘制剪力墙时应用结构墙，以方便后期结构专业在此基础上进行计算、调整并进行配筋。结构墙"属性"面板如图 5-14 所示，建筑墙"属性"面板如图 5-15 所示。

图　5-14

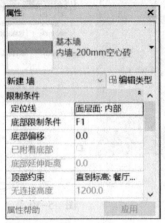

图　5-15

项目实战：绘制室内墙体

（1）打开学习资源中的"模块 5>02.rvt"文件，如图 5-16 所示。

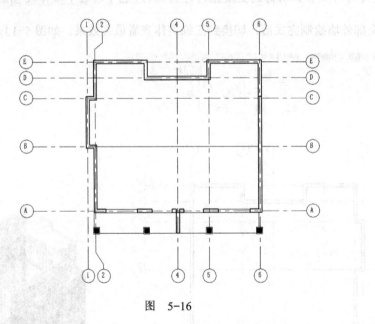

图　5-16

（2）单击"墙"命令，然后选择"内墙 -200mm 空心砖"墙类型，接着单击"编辑类型"按钮，如图 5-17 所示。

（3）在"类型属性"对话框中，将"功能"设置为"内部"，然后单击"确定"按钮，如图 5-18 所示。

（4）切换到"修改 | 放置墙"选项卡，然后选择"拾取线"按钮，接着将"定位线"设置为"墙中心线"，如图 5-19 所示。

图 5-17

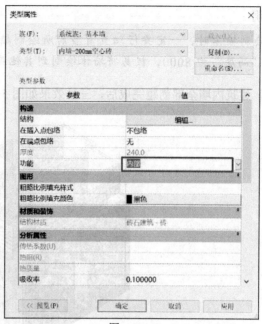

图 5-18

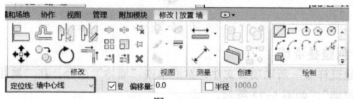

图 5-19

（5）在视图中拾取已经绘制好的详细线，进行墙体的建立，如图 5-20 所示。

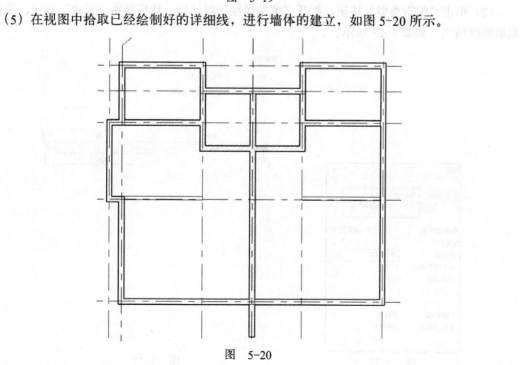

图 5-20

🔊 **说明：**

绘制墙体时，一定要仔细查看当前所绘制墙体的标高限制是否正确。如果按软件默认"高度"为 8000，极易将墙体绘制到其他层。

（6）建筑内墙全部创建完成后，三维效果如图 5-21 所示。

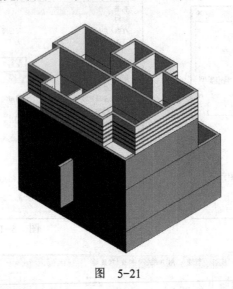

图 5-21

项目实战：创建叠层墙

（1）使用"建筑样板"新建项目文件，然后单击"墙体"命令，在"属性"面板的类型选择器中选择"叠层墙"，如图 5-22 所示。

（2）单击"编辑类型"按钮，打开"类型属性"对话框，然后单击"编辑"按钮，编辑叠层墙墙体结构，如图 5-23 所示。

图 5-22

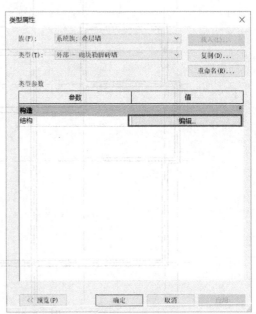

图 5-23

（3）单击"预览"按钮，可以预览当前墙体的结构，如图 5-24 所示。

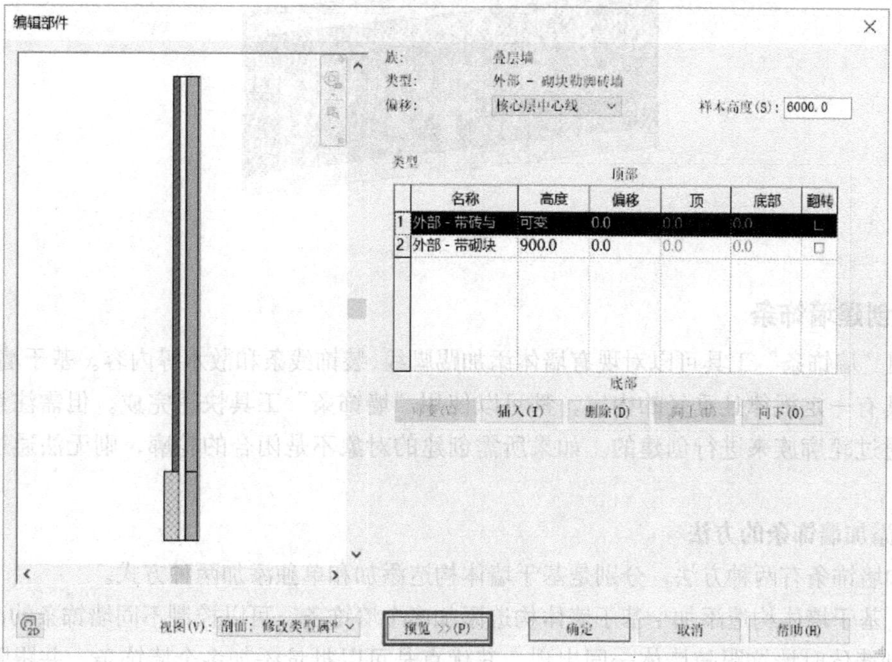

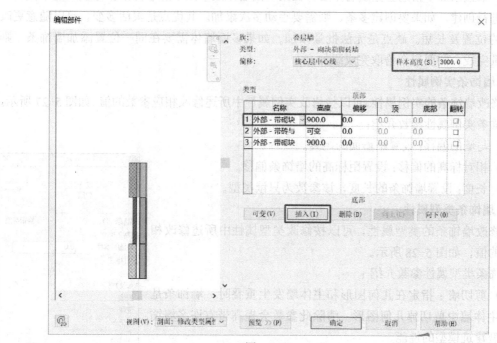

图　5-24

（4）单击"插入"按钮，然后选择项目中现有的墙体类型，设置"高度"为 900，"样本高度"为 3000，接着单击"确定"按钮，如图 5-25 所示。

图　5-25

（5）在视图中创建墙体，最终效果如图 5-26 所示。

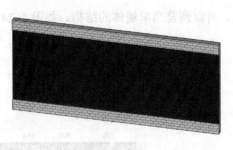

图 5-26

5.1.4 创建墙饰条

使用"墙饰条"工具可以对现有墙体添加踢脚线、装饰线条和散水等内容。基于墙的构件，只要是具有一定规律且重复的内容，都可以使用"墙饰条"工具快速完成。但需注意，墙饰条都是通过轮廓族来进行创建的。如果所需创建的对象不是闭合的轮廓，则无法通过墙饰条来创建。

1．添加墙饰条的方法

添加墙饰条有两种方法，分别是基于墙体构造添加和单独添加两种方式。

（1）基于墙体构造添加：基于墙体构造添加多个墙饰条，可以控制不同墙饰条的高度及样式，绘制墙体时墙饰跟随墙体一同出现。其优点是可以批量添加多个墙饰条，并跟随墙体一同绘制，而无须单独添加。缺点是无法单独控制，如果修改某一段墙饰条，必须通过修改墙体构件才可以控制。

（2）单独添加：指建立完成墙体后，在某一面墙体上单独添加墙饰条。每次只能单独对一面墙体进行创建，如果要创建多条，则需要手动多次添加。其优点是灵活多变，可以随意更改墙饰条的位置及长短。缺点是无法批量添加。如果多面墙体需要在同一位置添加墙饰条，则无法批量完成，需要逐个拾取完成添加。

2．墙饰条实例属性

要修改墙饰条的实例属性，可以按修改实例属性中所述修改相应参数的值，如图5-27所示。

墙饰条实例属性参数介绍：

（1）与墙的偏移：设置距墙面的距离。

（2）相对标高的偏移：设置距标高的墙饰条偏移。

（3）长度：设置墙饰条的长度，该参数为只读类型。

3．墙饰条类型属性

要修改墙饰条的类型属性，可以按修改类型属性中所述修改相应参数的值，如图5-28所示。

墙饰条类型属性参数介绍：

（1）剪切墙：指定在几何图形和主体墙发生重叠时，墙饰条是否会从主体墙中剪切掉几何图形。清除此参数会提高带有许多墙饰条的大型建筑模型的性能。

（2）被插入对象剪切：指定门和窗等插入对象是否会从墙饰条中剪切掉几何图形。

图 5-27

（3）默认收进：此值指定墙饰条从每个相交的墙附属性收进的距离。

（4）轮廓：指定用于创建墙饰条的轮廓族。

（5）材质：设置墙饰条的材质。

项目实战：创建墙饰条

（1）打开学习资源中的"模块 5>03.rvt"文件，选中建筑外墙并打开"编辑部件"对话框，如图 5-29 所示。

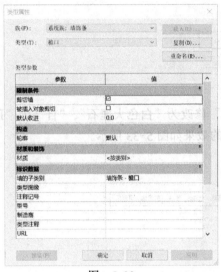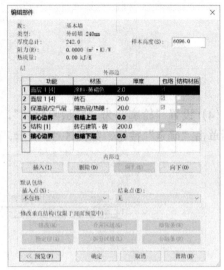

图 5-28　　　　　　　　　　　　　　　图 5-29

（2）设置"视图"为"剖面:修改类型属性"，然后单击"墙饰条"按钮，如图 5-30 所示。

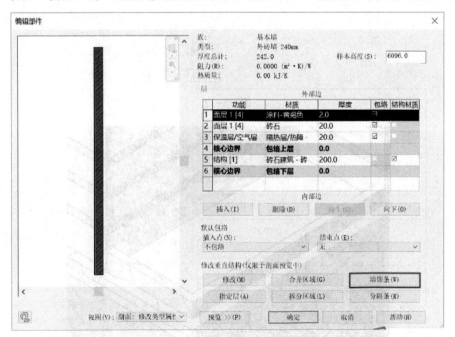

图 5-30

（3）在打开的"墙饰条"对话框中，单击"添加"按钮添加一个新的墙饰条，如图 5-31 所示。

图 5-31

（4）设置"轮廓"为"二层阳台装"，将"材质"修改为"白色大理石"、"自"为"顶"，然后单击"确定"按钮，如图 5-32 所示，最终完成的效果如图 5-33 所示。

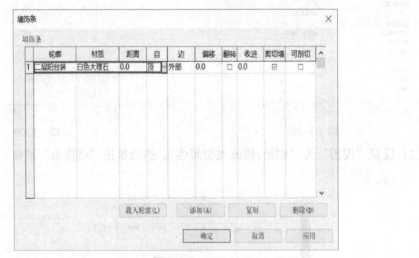

图 5-32

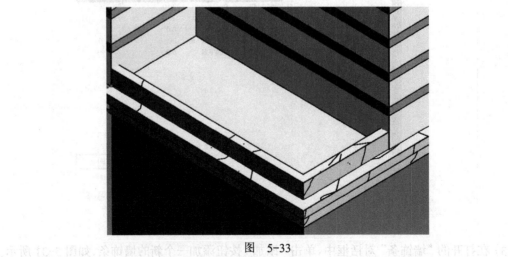

图 5-33

📢 **说明：**

如需添加多个标高的墙饰条，可以单击"添加"按钮进行添加。添加完成后，更改距离参数即可实现多条墙饰条平行的效果。

项目实战：添加室外散水

（1）打开学习资源中的"模块 5>04.rvt"文件，然后切换到"建筑"选项卡，接着单击"墙"面板中的"墙：饰条"按钮，如图 5-34 所示。

（2）在"属性"面板中单击"编辑类型"按钮，如图 5-35 所示。

图 5-34

图 5-35

（3）单击"复制"按钮，然后在打开的"名称"对话框中输入名称"散水"，单击"确定"按钮，如图 5-36 所示。

（4）在"类型属性"对话框中，设置"轮廓"为"散水"、"材质"为"混凝土－现场浇注混凝土"，然后单击"确定"按钮，如图 5-37 所示。

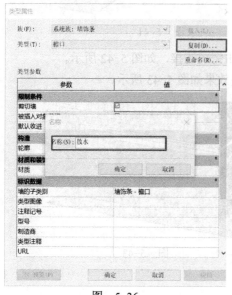

图 5-36

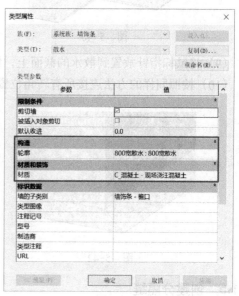

图 5-37

（5）切换到"修改|放置墙饰条"选项卡，单击"水平"按钮，如图 5-38 所示。

（6）在三维视图中，拾取外墙底边单击进行放置，如图 5-39 所示。

图 5-38

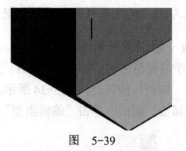

图 5-39

（7）按照相同的方法，完成其他部分散水的布置。布置完成后，某些转角部分散水无法自动连接，如图 5-40 所示。

（8）选中未成功的散水，然后单击"修改|墙饰条"选项卡中的"修改转角"按钮，如图 5-41 所示。

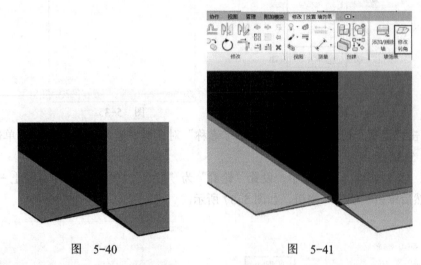

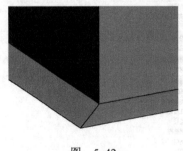

图 5-40

图 5-41

（9）将鼠标指针放置到散水的截面上，然后单击完成连接，如图 5-42 所示。

（10）按照同样的方法连接所有转角位置，最终效果如图 5-43 所示。

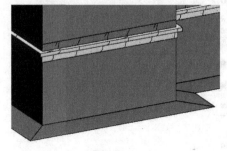

图 5-42

图 5-43

5.1.5　创建分隔缝

分隔缝与墙饰条的创建方法相同，都是基于墙体进行创建的，并且分隔缝与墙饰条所使用的部分轮廓族也可以通用。不同之处在于，当分隔缝与墙饰条公用同一个轮廓族时，所创建出的效果正好相反，如图 5-44 所示。

项目实战：添加室外装饰墙

（1）打开学习资源中的"模块 5>04.rvt"文件，选择建筑外墙并打开"编辑部件"对话框，然后单击"分隔条"按钮，如图 5-45 所示。

（2）在打开的"分隔条"对话框中，单击"添加"按钮添加 3 条分隔条，如图 5-46 所示。

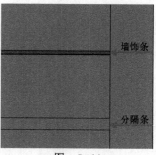

图 5-44

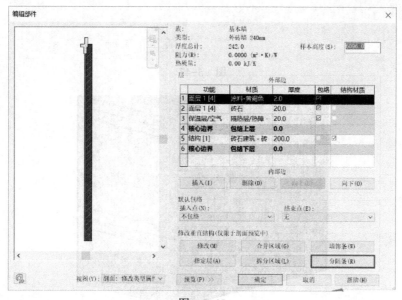

图 5-45

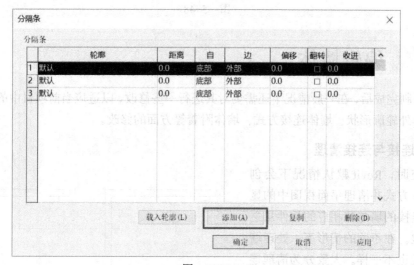

图 5-46

（3）设置"轮廓"为"分隔缝：分隔缝"，"距离"分别修改为 1100、1300 和 1500，如图 5-47 所示，然后单击"确定"按钮，逐个关闭对话框，最终的三维效果图如图 5-48 所示。

图　5-47

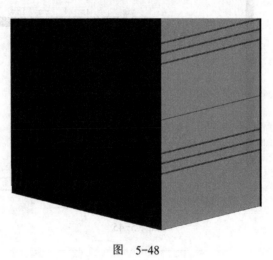

图　5-48

5.2　编辑墙体

墙体绘制完成后，在一般情况下还需要对其进行一些修改，以适应当前项目中的具体要求，包括对墙体外轮廓形状、墙体连接方式、墙体附着等方面的修改。

5.2.1　墙连接与连接清理

墙相交时，Revit 默认情况下会创建"平接"方式并清理平面视图中的显示，删除连接的墙与其相应的构件层之间的可见边。在不同的情形下，处理墙连接的方式也不一样。大致分为清理连接与不清理连接两种方法，如图 5-49 所示。除了连接方式不同以外，还可以限制墙体端点允许不允许连接，以达到

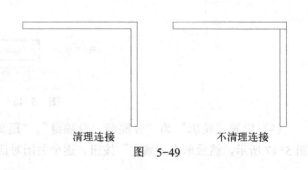

清理连接　　　　　　　　不清理连接
图　5-49

墙体之间保持较小间距的目的。

项目实战：修改墙连接

（1）打开学习资源中的"模块 5>05.rvt"文件，切换到"修改"选项卡，然后单击"几何图形"面板中的"墙连接"按钮，如图 5-50 所示。

图 5-50

（2）在当前视图中，单击线内垂直方向的墙体，出现黑色的矩形范围框，然后将"显示"方向设置为"不清理连接"，单击空白处确定绘制，如图 5-51 所示。此时两种不同材质墙体断开连接，按 Esc 键结束命令。

（3）将光标移动到另外一个线内的墙体上，然后右击，选择"不允许连接"命令，如图 5-52 所示。

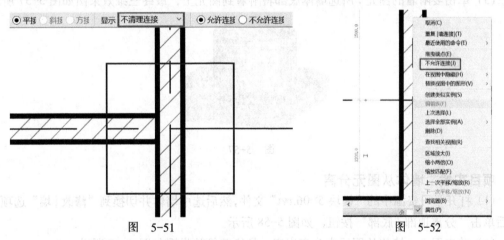

图 5-51　　　　　　　　　　　　　　　　　图 5-52

（4）此时所选墙体将与外墙取消连接状态，将内墙端点拖动至外墙内侧，如图 5-53 所示。在这种状态下，两面墙体将不会发生连接。

（5）如果需要取消不允许连接状态，可以再次在内墙一侧的端点上右击，选择"允许连接"命令，或者直接单击视图中的"允许连接"图标，如图 5-54 所示。

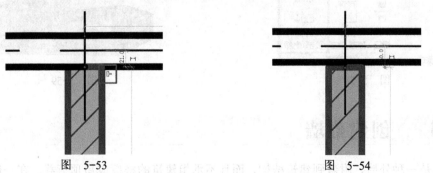

图 5-53　　　　　　　　　　　　　　　　　图 5-54

（6）按照同样的方法，修改视图中所有需要处理的墙体。

5.2.2 墙附着与分离

放置墙之后，可以将其顶部或底部附着到同一个垂直面的图元上，可以替换其初始墙顶定位标高和墙底定位标高。附着的图元可以是楼板、屋顶、天花板和参照平面，或位于正上方或者位于正下方的其他墙，墙的高度会随着所附着图元的高度而变化。

项目实战：墙体附着到图元

（1）打开学习资源中的"模块 5>06.rvt"文件，然后选中墙体并单击"修改 | 墙"选项卡中的"附着顶部 | 底部"按钮，如图 5-55 所示。

（2）在工具选项栏中选择"附着墙"方式为底部，如图 5-56 所示。

图 5-55 　　　　　　　　　　　　　　　　　　　　　　图 5-56

（3）单击要附着的图元，所选墙体底部将附着到图元上，最终三维效果图如图 5-57 所示。

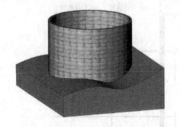

图 5-57

项目实战：墙体从图元分离

（1）打开学习资源中的"模块 5>06.rvt"文件，然后选中墙体并切换到"修改 | 墙"选项卡，然后单击"分离顶部 / 底部"按钮，如图 5-58 所示。

（2）单击图元，墙体从图元中分离出来，最终三维效果图如图 5-59 所示。

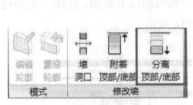

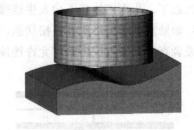

图 5-58 　　　　　　　　　　　　　　　　　　　　　　图 5-59

5.3　创建幕墙

幕墙是一种外墙，附着到建筑结构，而且不承担建筑的楼板或屋顶荷载。在一般应用中，幕墙常常定义为薄的、通常带铝框的墙，包含填充的玻璃、金属嵌板或薄石。

Revit 中，幕墙由"幕墙嵌板""幕墙网格"和"幕墙竖梃"3 部分构成，如图 5-60 所示。幕墙嵌板是构成幕墙的基本单元，幕墙由一块或多块幕墙嵌板组成。幕墙嵌板的大小、数量由划分幕墙的幕墙网格决定。幕墙竖梃即幕墙龙骨，是沿幕墙网格生成的线性构件。当删除幕墙网格时，依赖于该网格的竖梃也将同时删除。在 Revit 中，可以手动或通过参数指定幕墙网格的划分方式和数量。幕墙嵌板可以替换为任意形式的基本墙或层叠墙类型，也可以替换为自定义的幕墙嵌板族。

可以使用默认 Revit 幕墙类型设置幕墙。这些墙类型提供 3 种复杂程度的幕墙，可以对其进行简化或增强。

（1）幕墙：没有网格或竖梃。没有与此墙类型相关的规则，可以随意修改。此墙类型的灵活性最强。

（2）外部玻璃：具有预设网格，简单预设了横向与纵向的幕墙网格的划分。如果设置不合适，可以修改网格规则。

（3）店面：具有预设网格和竖梃，根据实际情况精确预设了幕墙网格的划分。如果设置不合适，可以修改网格和竖梃规则。

若要修改实例属性，在"属性"选项卡上选中图元并修改其属性，如图 5-61 所示。

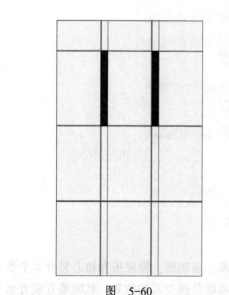

图 5-60　　　　　　　　　　　图 5-61

（1）幕墙实例属性参数介绍：

底部约束：幕墙的底部标高。

底部偏移：设置幕墙距墙底定位标高的高度。

已附着底部：指示幕墙底部是否附着到另一个模型构件，如楼板。

顶部约束：幕墙的顶部标高。

无连接高度：绘制时幕墙的高度。

顶部偏移：设置距顶部标高的幕墙偏移。

已附着顶部：指示幕墙顶部是否附着到另一个模型构件，如屋顶或天花板。

房间边界：如果选中，则幕墙成为房间边界的组成部分。

与体量相关：指示此图元是否是从体量图元创建的。

编号：如果将"垂直 | 水平网格样式"下的"布局"设置为"固定数量"，则可在此输入幕墙实例上放置的幕墙网格的数量值，最大值是 200。

对正：确定在网格间距无法平均分割幕墙图元面的长度时，Revit 如何沿幕墙图元面调整网格间距。

角度：将幕墙网格旋转到指定角度。

偏移量：从起始点到开始放置幕墙网格位置的距离。

（2）幕墙类型属性包括幕墙嵌板、横梃和竖梃参数的设置等，如图 5-62 所示。

图　5-62

幕墙类型属性参数介绍：

功能：指明墙的作用，包括外墙、内墙、挡土墙、基础墙、檐底板和核心竖井 6 个类型。

自动嵌入：指示幕墙是否自动嵌入墙中。控制幕墙竖梃交叉的位置，截断垂直或者水平方向的竖梃。

布局：沿幕墙长度设置幕墙网格线的自动垂直 | 水平布局方式。

间距：控制幕墙网格之间的间距数值。当"布局"设置为"固定距离"或"最大间距"时启用。

调整竖梃尺寸：调整网格线的位置，以确保幕墙嵌板的尺寸相等（如果可能）。

内部类型：指定内部垂直竖梃的竖梃族。

边界 1 类型：指定左边界上垂直或水平竖梃的竖梃族。

边界 2 类型：指定右边界上垂直或水平竖梃的竖梃族。

5.3.1 手动划分幕墙网格

绘制幕墙的方法与绘制墙体的方法相同,但幕墙与普通墙体的构造并不相同。普通墙体均是由结构层、面层等构件组成,而幕墙则是由幕墙网格、横梃、竖梃和幕墙嵌板等组成。其中,幕墙网格是最基础也是最重要的,它主要控制整个幕墙的划分,横梃、竖梃以及幕墙嵌板都要基于幕墙网格建立。进行幕墙网格划分有两种方式:一种是自动划分;另外一种是手动划分。

（1）自动划分：设置网格之间固定的间距或固定的数量,然后通过软件自动进行幕墙网格分割。

（2）手动划分：没有任何预设条件,通过手工操作方式进行幕墙网格的添加。可以添加从上到下的垂直或水平网格线,也可以基于某个网格内部添加一段。

项目实战：建立并分割幕墙

（1）打开学习资源中的"模块 5>07.rvt"文件,然后选择"墙"命令,在"类型选择器"中选择"幕墙"选项,如图 5-63 所示。

图 5-63

（2）设置"顶部约束"为"直到标高：F2",然后选择"拾取线"绘制方式。

（3）在 F1 平面视图中,将光标放置于详细线后单击进行幕墙创建。

（4）切换到南立面视图中,然后切换到"建筑"选项卡,接着单击"构建"面板中的"幕墙网格"按钮,如图 5-64 所示。

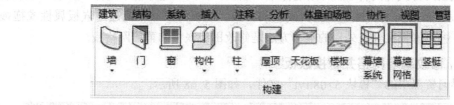

图 5-64

（5）将光标移到幕墙垂直边上,生成水平网格线预览,如图 5-65 所示。当移到满意的位置后,单击确定绘制。

图 5-65

（6）切换到"修改 | 放置 幕墙网格"选项卡，然后单击"放置"面板中的"一段"按钮，如图 5-66 所示。

（7）将光标放置于幕墙水平边上，垂直预览后单击，放置垂直方向网格，如图 5-67 所示。

图 5-66

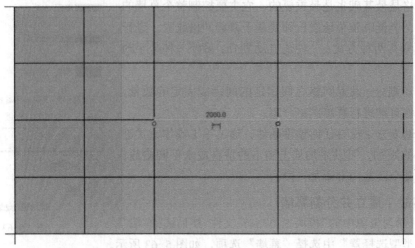

图 5-67

5.3.2 设置幕墙嵌板

幕墙嵌板是非常重要的一个组成部分。在 Revit 中，可将幕墙嵌板修改为任意墙类型或嵌板。修改幕墙嵌板的方式有两种：一种是选择单个嵌板，在类型选择器中选择一种墙类型或嵌板；另一种是设置幕墙类型属性，来实现嵌板的替换。嵌板的尺寸不能通过嵌板属性或拖拽方式进行控制，控制嵌板尺寸及外形的唯一方法是修改围绕嵌板的幕墙网格线。

项目实战：修改幕墙网格并替换嵌板

（1）打开学习资源中的"模块 5>08.rvt"文件，如图 5-68 所示。

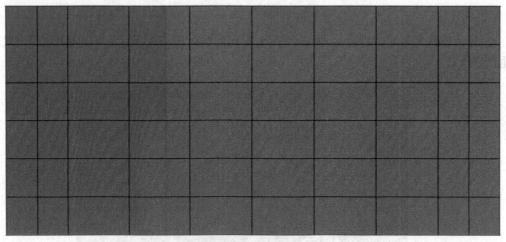

图 5-68

（2）选中其中水平方向第二条网格线，然后单击"添加 / 删除线段"按钮，如图 5-69 所示。

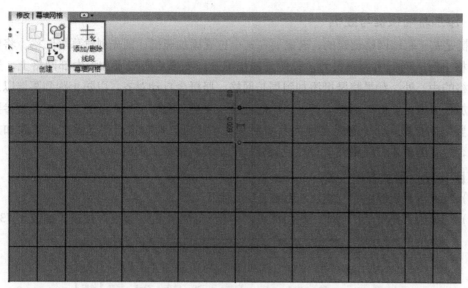

图　5-69

（3）将光标移动到幕墙网格线上单击，按 Delete 键，网格线将被删除。

（4）按照相同的方法完成其他网格线的删除，完成后的效果如图 5-70 所示。

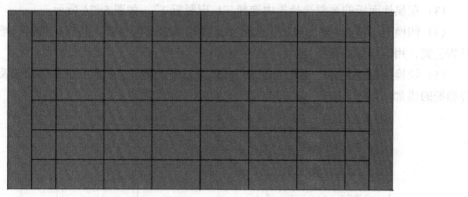

图　5-70

（5）将光标放置于两边幕墙网格线上，然后按 Tab 键切换选中为止，单击选择，接着在类型选择器中选择"常规 -140mm 砌体"，如图 5-71 所示，最终完成的效果如图 5-72 所示。

图　5-71

图　5-72

5.3.3 添加幕墙横梃与竖梃

竖梃是基于幕墙网格创建的，若需要在某个位置添加竖梃，则先创建幕墙网格。将竖梃添加到网格上时，竖梃将调整尺寸，以便与网格拟合。如果将竖梃添加到内部网格上，竖梃将位于网格的中心处；如果将竖梃添加到周长网格，竖梃会自动对齐，以防止跑到幕墙以外。

添加幕墙横、竖梃有两种方式：一种是通过修改当前所使用的幕墙类型，在类型参数中设置横、竖梃的类型；另一种是创建完幕墙后选择"竖梃"命令进行手动添加。其添加方式也有多种，分别是单击"网格线""单段网格线""全部网格线"按钮。

项目实战：添加幕墙竖梃

（1）打开学习资源中的"模块 5>09.rvt"文件。

（2）切换到"建筑"选项卡，然后单击"构建"面板中的"竖梃"按钮，如图 5-73 所示。

图　5-73

（3）在属性面板的类型选择器中选择"L 形竖梃 1"，如图 5-74 所示。

（4）切换到"修改|放置竖梃"选项卡，然后单击"网格线"按钮，单击幕墙所有的垂直转折位置，用以添加转角竖梃。

（5）切换竖梃类型为"矩形竖梃 50×150 mm 正方形"，分别单击幕墙顶部及底部进行边界横梃的添加，如图 5-75 所示。

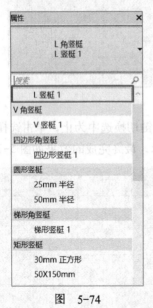

图　5-74

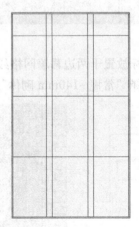

图　5-75

（6）选择竖梃类型为"30 mm 正方形"，然后单击"编辑类型"按钮，如图 5-76 所示。

（7）在"类型属性"对话框中单击"复制"按钮，然后在打开的"名称"对话框中输入新的名称，单击"确定"按钮，如图 5-77 所示。

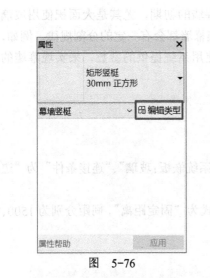

图 5-76

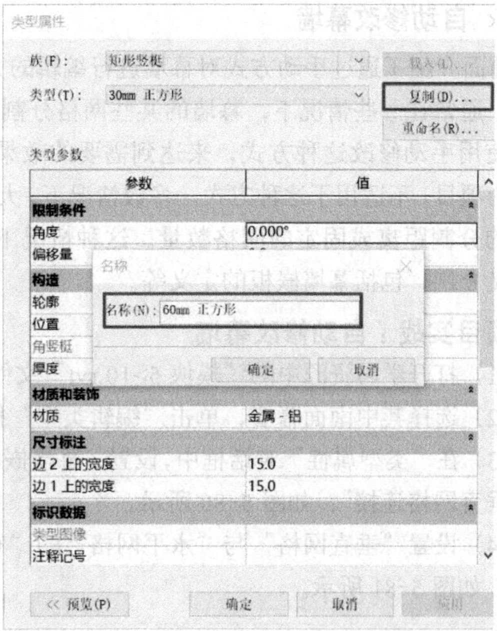

图 5-77

（8）在"类型属性"对话框中，设置厚度为 60，再设置边 1/边 2 上的宽度为 30，然后单击"确定"按钮，如图 5-78 所示。

（9）切换到"修改|放置竖梃"选项卡，单击"全部网格线"按钮，接着将光标移动至幕墙表面上单击，进行竖梃的创建，最终效果如图 5-79 所示。

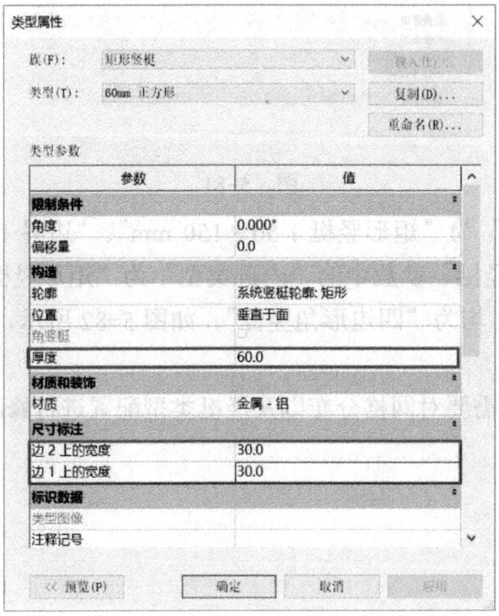

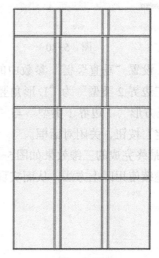

图 5-78

图 5-79

5.3.4 自动修改幕墙

前面介绍了通过手动方式对幕墙进行编辑的方法。手工修改幕墙方式，适用于幕墙的局部修改。通常在一些情况下，幕墙的某些网格分割形式和嵌板类型与整个幕墙系统不同。这时，只有使用手动修改这种方式，来达到需要的效果。创建幕墙的初期，尤其是大面积使用玻璃幕墙的项目，不适用于这种方式。多数情况下，大部分玻璃幕墙都会有一定的分割规律。例如，固定的分割距离或固定的网格数量。这种情况下，必须使用系统提供的参数，来实现幕墙的自定义分割，包括幕墙嵌板的定义等。

项目实战：自动修改幕墙

（1）打开学习资源中的"模块5>10.rvt"文件。

（2）选择其中南面幕墙，单击"编辑类型"按钮。

（3）在"类型属性"对话框中，设置"幕墙嵌板"为"系统嵌板：玻璃"、"连接条件"为"边界和垂直网格连接"，如图5-80所示。

（4）设置"垂直网格"与"水平网格"的"布局"方式为"固定距离"，间距分别为1500、2000，如图5-81所示。

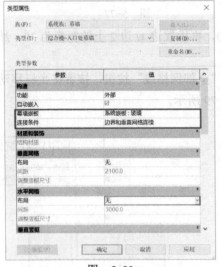

图 5-80

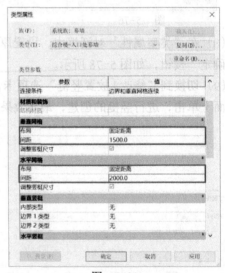

图 5-81

（5）设置"垂直竖梃"参数中的"内部类型"为"矩形竖梃：50×150 mm"、"边界1类型"与"边界2类型"为"L形角竖梃"，"水平竖梃"参数中的"内部类型"为"矩形竖梃：30mm正方形"、"边界1类型"与"边界2类型"均为"四边形角竖梃"，如图5-82所示，单击"确定"按钮，关闭对话框。

（6）最终完成的三维效果如图5-83所示。如果需要对网格分布以及竖梃类型配置进行修改，还可以继续使用以上方法，从而实现参数化修改。

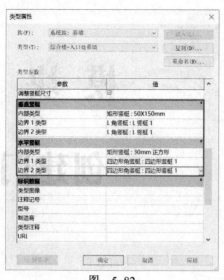

图 5-82

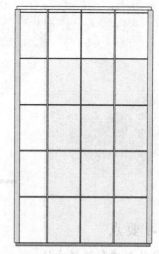

图 5-83

模块 6

创建门窗

学习要点

◎门的创建和编辑方法；

◎窗的创建和编辑方法。

门、窗是建筑设计中最常用的构件。Revit 提供了门、窗工具，创建完成墙体以后，下一任务就是放置门窗。门窗在 Revit 中属于可载入族，可以在外部制作完成后导入到项目当中使用。门窗必须基于墙体才可以放置，放置后墙上会自动剪切一个门窗"洞口"。平、立、剖或三维视图都可以放置门窗。

6.1　添加门

放置门窗后，可以通过修改属性参数来更改门窗规格样式。门窗族提供了实例属性与类型属性两种参数分类，修改实例属性只会影响当前选中的实例文件，如果修改类型属性，则会影响整个项目项目名称的文件。

6.1.1　门实例属性

要修改门的实例属性，可以修改实例属性下相应参数的值，如图 6-1 所示。

门实例属性参数介绍：

底高度：设置相对于放置此实例的标高的底高度。

框架类型：门框类型。

框架材质：框架使用的材质。

完成：应用于框架和门的面层。

注释：显示输入或从下拉列表中选择的注释。

标记：添加自定义标识数据。

顶高度：设置相对于放置此实例的标高的实例顶高度。

防火等级：设定当前门的防火等级。

图　6-1

6.1.2 门类型属性

要修改门的类型属性，可修改类型属性下相应参数的值，如图 6-2 所示。

门类型属性参数介绍：

墙闭合：门周围的层包络。

功能：指示门是内部的（默认值）还是外部的。

构造类型：门的构造类型。

框架材质：门框架的材质。

门材质：门的材质（如金属或木质）。

贴面宽度：设置门贴面的宽度。

贴面投影内部：设置内部贴面厚度。

贴面投影外部：设置外部贴面厚度。

厚度：设置门的厚度。

高度：窗洞口的高度。

宽度：窗宽度。

粗略宽度：设置门的粗略宽度。

粗略高度：设置门的粗略高度。

图　6-2

项目实战：放置首层门

（1）打开学习资源中的"模块 6>01.rvt"文件，并切换到 F1 楼层平面，如图 6-3 所示。

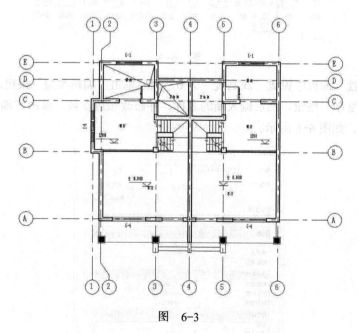

图　6-3

（2）切换到"插入"选项卡，然后单击"从库中载入"面板中的"载入族"按钮。

📢 说明：

打开存放族文件的文件夹，选择需要载入的族直接拖拽至视图中。通过这样的方式，可以更快捷地载入族并进行使用。

（3）在打开的"载入族"对话框中，选择"建筑 > 门 > 普通门 > 平开门 > 双扇"文件夹，然后选择"双扇平开木门 3"族，接着单击"打开"按钮，如图 6-4 所示。

图 6-4

（4）进入到 F1 楼层平面，切换到"建筑"选项卡，单击"构建"面板中的"门"按钮，如图 6-5 所示。

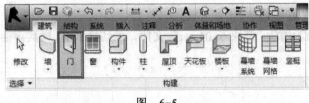

图 6-5

（5）在"属性"面板中设置"底高度"为 0，然后单击"编辑类型"按钮。

（6）单击"复制"按钮，然后输入新的名称，并修改相应参数，单击"确定"按钮，复制一个新的门类型，如图 6-6 所示。

图 6-6

（7）将鼠标指针放置于墙体上，然后单击放置门，如图 6-7 所示。

（8）按照同样的方法，将门分别放置于墙体各处，如图 6-8 所示。

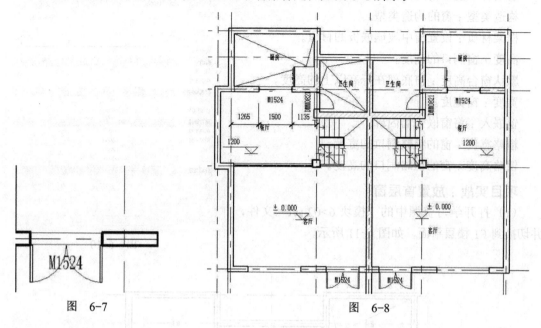

图 6-7　　　　　　　　　　　　　　　图 6-8

6.2　添加窗

6.2.1　窗实例属性

要修改窗的实例属性，可以修改实例属性中的相应参数的值，如图 6-9 所示。

图 6-9

窗实例属性参数介绍

底高度：设置相对于放置此实例的标高的底高度。

6.2.2　窗类型属性

要修改窗的类型属性，可修改类型属性下相应参数的值，如图 6-10 所示。

窗类型属性参数介绍：

墙闭合：设置窗周围的层包络。

构造类型：窗的构造类型。

框架材质：设置窗中玻璃嵌板的材质。

高度：窗洞口的高度。

默认窗台高度：窗底部在标高以上的高度。

宽度：窗宽度。

窗嵌入：将窗嵌入墙内部。

粗略宽度：窗的粗略洞口的宽度。

粗略高度：窗的粗略洞口的高度。

图 6-10

项目实战：放置首层窗

（1）打开学习资源中的"模块 6>02.rvt"文件，并切换到 F1 楼层平面，如图 6-11 所示。

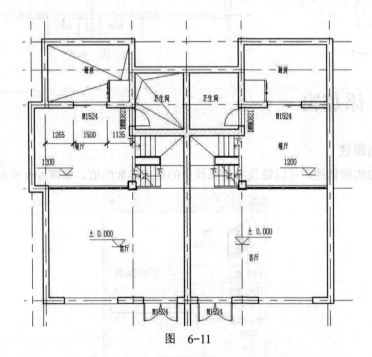

图 6-11

（2）切换到"插入"选项卡，然后单击"从库中载入"面板中的"载入族"按钮。

（3）在打开的"载入族"对话框中，选择"建筑 > 窗 > 普通窗 > 推拉窗"文件夹，然后选择"推拉窗 6"族，接着单击"打开"按钮，如图 6-12 所示。

（4）进入到 F1 楼层平面，切换到"建筑"选项卡，单击"构建"面板中的"窗"按钮，如图 6-13 所示。

（5）在"属性"面板中设置"底高度"为 900，然后单击"编辑类型"按钮。

（6）单击"复制"按钮，然后输入新的名称，并修改相应参数，单击"确定"按钮，复制一个新的窗类型，如图 6-14 所示。

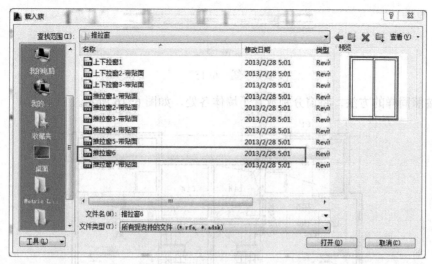

图 6-12

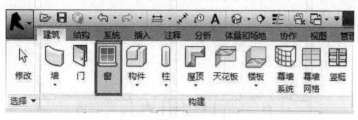

图 6-13

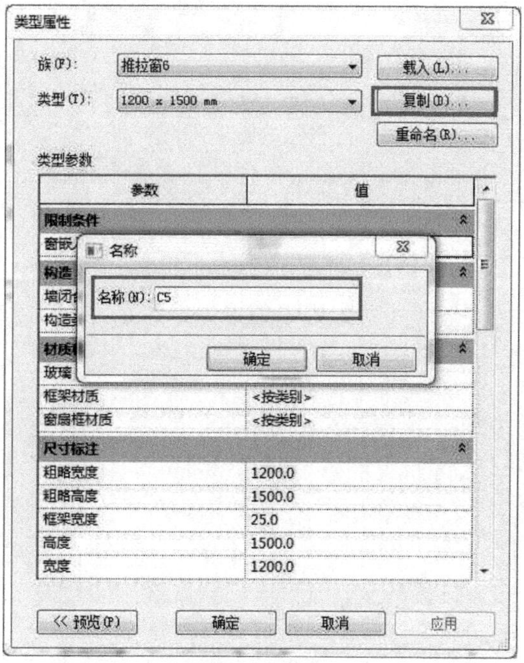

图 6-14

（7）将鼠标指针放置于墙体上，然后单击放置窗，如图 6-15 所示。

C-4

图 6-15

（8）按照同样的方法，将窗分别放置于墙体各处，如图 6-16 所示。

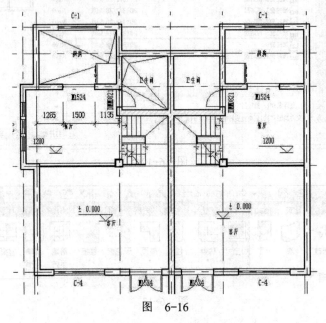

图 6-16

模块 7

添加楼板、屋顶和天花板

学习要点

◎ 楼板的创建方法；

◎ 天花板的创建方法；

◎ 不同样式屋顶的创建规则。

7.1 添加楼板

楼板作为建筑物当中不可缺少的部分，起着重要的结构承重作用。Revit 中提供了 3 种类型楼板，分别是建筑楼板、结构楼板和面楼板。同时，在楼板命令中还提供了"楼板：楼板边"命令，供用户创建一些沿楼板边缘所放置的构件。

7.1.1 添加室内楼板

添加室内楼板的方式有多种，其中一种可通过拾取墙或使用"线"工具绘制楼板来创建楼板。在三维视图中同样可以绘制楼板，但需要注意的是，楼板可以基于标高或水平工作平面创建，但无法基于垂直或倾斜的工作平面创建。

1. 楼板实例属性

要修改楼板的实例属性，可按"修改实例属性"中相应参数的值进行修改，如图 7-1 所示。

楼板实例属性参数介绍：

标高：将楼板约束到的标高。

目标高的高度偏移：楼板顶部相对于当前标高参数的高程。

房间边界：表面楼板是否作为房间边界图元。

与体量相关：表明此图元是否是从体量图元创建的，该参数为只读类型。

结构：当前图元是否属于结构图元，并参与结构计算。

启用分析模型：此图元有一个分析模型。

坡度：将坡度定义线修改为指定值，且无须编辑草图。

周长：设置楼板的周长。

图 7-1

面积：设置楼板的面积。

体积：设置楼板的体积。

2．楼板类型属性

要修改楼板的类型属性，可按修改类型属性下相应的参数值，如图 7-2 所示。

楼板类型属性参数介绍：

结构：创建复合楼板层集。

默认的厚度：显示楼板类型的厚度，通过累加楼板层的厚度得出。

功能：指示楼板是内部的还是外部的。

粗略比例填充样式：粗略比例视图中楼板的填充样式。

粗略比例填充颜色：为粗略比例视图中的楼板填充样式应用颜色。

图 7-2

项目实战：绘制室内楼板

（1）打开学习资源中的"模块 7>01.rvt"文件，并切换到 F1 楼层平面，如图 7-3 所示。

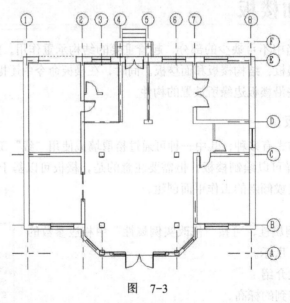

图 7-3

（2）切换到"建筑"选项卡，然后在"构建"面板中单击"楼板"按钮，如图 7-4 所示。

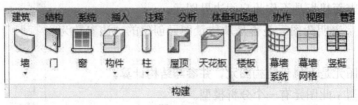

图 7-4

（3）在类型选择器中选择"常规 -150mm"，然后单击"编辑类型"按钮，如图 7-5 所示。

（4）在打开的"类型属性"对话框中单击"复制"按钮，然后输入相应的名称，如图 7-6 所示，单击"确定"按钮，接着单击"编辑"按钮，打开"编辑部件"对话框。

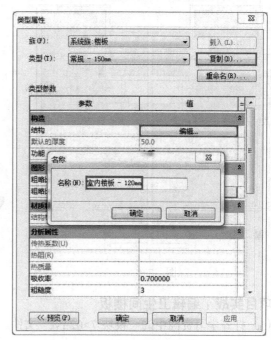

图 7-5　　　　　　　　　　　　　　　　　图 7-6

（5）在"编辑部件"对话框中，设置"结构"层的"厚度"为 90，然后分别插入衬底与面层，接着设置"厚度"为 20，10，如图 7-7 所示。

（6）选择绘图方式为直线，然后在当前视图中绘制客厅区域的楼板，如图 7-8 所示，接着单击"完成"按钮，完成客厅部分的楼板绘制。

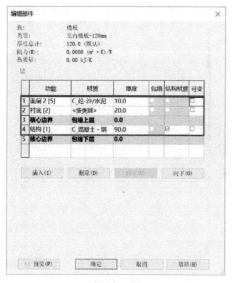

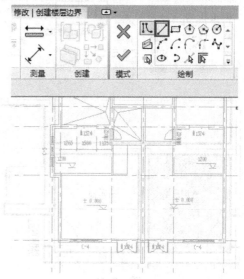

图 7-7　　　　　　　　　　　　　　　　　图 7-8

（7）按照同样的方法完成其他房间楼板的绘制，然后在实例属性面板中设置各个房间楼板高程属性，如图 7-9 所示，最终完成的三维效果如图 7-10 所示。

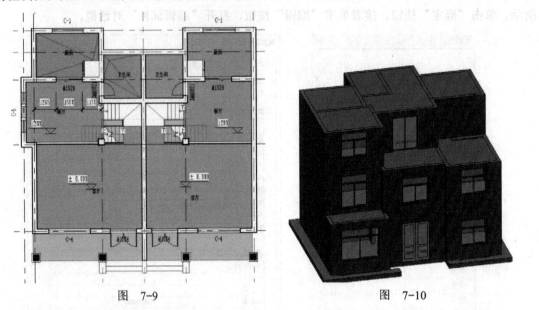

图 7-9　　　　　　　　　　　　　　　图 7-10

项目实战：编辑卫生间楼板

（1）打开学习资源中的"模块 7>02.rvt"文件，然后选中卫生间楼板，接着单击"添加点"按钮，如图 7-11 所示。

（2）将鼠标指针放置于楼板上单击放置控制点，如图 7-12 所示，然后单击"修改子图元"按钮，选中刚刚放置好的控制点，如图 7-13 所示。

（3）单击控制点旁边的高程值 10 设置为 −10，按 Enter 键确定，如图 7-14 所示，接着将卫生间楼板孤立显示，最终三维效果如图 7-15 所示。

图 7-11

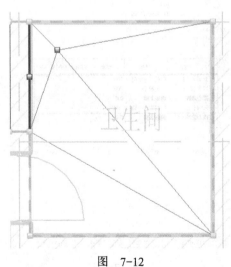

图 7-12

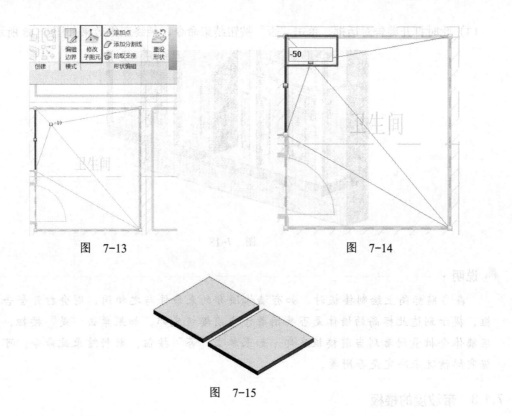

图 7-13　　　　　　　　　　　　　　图 7-14

图 7-15

7.1.2　添加室外楼板

室外楼板与室内楼板的创建方法相同，属性参数也保持一致。唯一不同的地方，在于室外楼板与室内楼板在楼板厚度、使用材料等方面有一定的出入，其余部分都和室内楼板的绘制方法相同。

项目实战：绘制室外楼板

（1）打开学习资源中的"模块 7>03.rvt"文件，然后单击"楼板"工具并在类型选择器中选择"室外楼板 -150mm"，如图 7-16 所示。

（2）选择"直线"或"拾取线"工具，在绘图区绘制室外楼板草图，接着单击"完成"按钮，完成楼板的绘制，如图 7-17 所示。

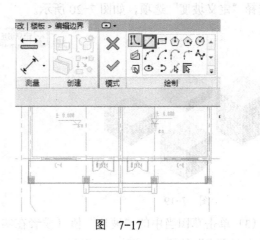

图　7-16　　　　　　　　　　　　　　图　7-17

（3）此时打开警告对话框，单击"否"按钮结束命令，最终三维效果如图 7-18 所示。

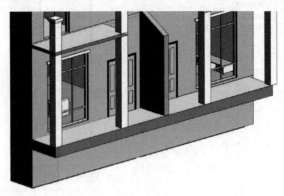

图　7-18

> 💬 **说明：**
>
> 在当前标高上绘制楼板时，如有墙体顶部约束条件与之相同，则会打开警告对话框，提示到达此标高的墙体是否要附着于当前楼板底部。如果单击"是"按钮，则相应墙体会批量附着到当前楼板底部；如果单击"否"按钮，则将结束此命令。可以根据实际情况来决定是否附着。

7.1.3　带坡度的楼板

在本节中，主要介绍如何创建带坡度的楼板以及压型板。关于带坡度的楼板，其创建方法有以下 3 种。

第 1 种：在绘制或编辑楼层边界时，绘制一个坡度箭头。

第 2 种：使用修改子图元工具，分别调整楼板边界高度。

第 3 种：指定单条楼板绘制线的"定义坡度"和"坡度"属性值。

项目实战：绘制斜楼板

（1）打开学习资源中的"模块 7>04.rvt"文件，如图 7-19 所示。

（2）切换到"标高 2"平面，绘制楼板的草图，然后选中其中一条边界线，接着在工具栏中选择"定义坡度"选项，如图 7-20 所示。

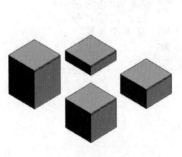

图　7-19

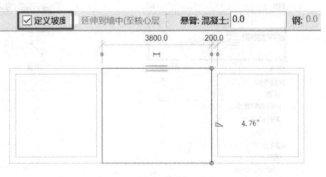

图　7-20

（3）单击草图当中的"坡度"值（或者在实例属性面板中），将"坡度"设置为 5.5，然后单击"完成"按钮，如图 7-21 所示。

（4）绘制第二块楼板草图，在草图模式下单击"坡度箭头"按钮，然后在草图区域内绘制一个方向箭头，如图 7-22 所示。

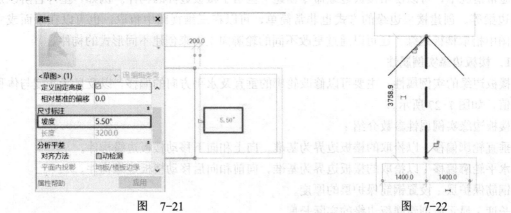

图　7-21　　　　　　　　　　　　　　　　图　7-22

📢说明：

坡度箭头的起始点与结束点，决定了当前楼板坡度实习开始与结束的位置。

（5）选中坡度箭头，然后在实例"属性"面板中设置"指定"为"尾高"、"最低处标高"为"标高 1"、"尾高度偏移"为 3000、"最高处标高"为"标高 1"、"头高度偏移"为 2000，接着单击"完成"按钮，如图 7-23 所示。

（6）切换到"标高 1"，创建第三块楼板，创建完成后单击"修改子图元"按钮，如图 7-24 所示。

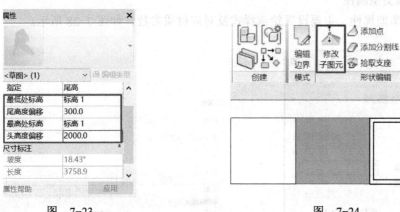

图　7-23　　　　　　　　　　　　　　　　图　7-24

（7）切换到"标高 1"视图，分别选中楼板左右两条边界，然后设置"偏移"为 1000、2000，如图 7-25 所示。

（8）按 Esc 键退出编辑命令，最终的三维效果如图 7-26 所示。

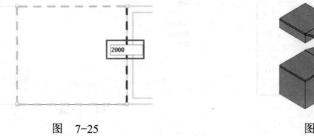

图　7-25

图　7-26

7.1.4 创建楼板边缘

通常情况下，可以使用楼板边缘命令创建一些基于楼板边界的构件。例如，室外台阶以及结构边梁等。创建楼板边缘的方式也非常简单，可以在三维视图中拾取，也可以在平面或立面视图中拾取楼板边缘，还可以通过更改不同的轮廓向上，来创建不同形式的构件。

1．楼板边缘实例属性

楼板边缘的实例属性，主要可以修改轮廓的垂直及水平方向的偏移，以及显示长度与体积等数值，如图 7-27 所示。

楼板边缘实例属性参数介绍：

垂直轮廓偏移：以拾取的楼板边界为基准，向上和向下移动楼板边缘构件。

水平轮廓偏移：以拾取的楼板边界为基准，向前和向后移动楼板边缘构件。

钢筋保护层：设置钢筋保护层的厚度。

长度：显示所创建楼板边缘的实际长度。

体积：显示楼板边缘的实际体积。

注释：用于添加有关楼板边缘的注释信息。

标记：为楼板边缘创建的标签。

创建的阶段：指示在哪个阶段创建了楼板边缘构件。

拆除的阶段：指示在哪个阶段拆除了楼板边缘构件。

角度：垂直方向对楼板边缘的旋转角度。

2．楼板边缘类型属性

楼板边缘的类型属性，主要设置轮廓样式及对应材质参数，如图 7-28 所示。

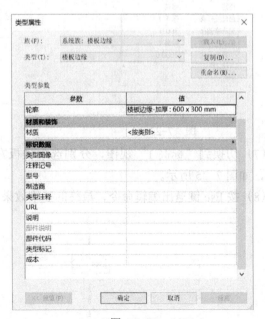

图 7-27　　　　　　　　　　　图 7-28

楼板边缘类型属性参数介绍：

轮廓：指定楼板边缘所使用的轮廓样式。

材质：楼板边缘所赋予的材质信息，包括颜色渲染样式等。

项目实战：创建室外台阶

（1）打开学习资源中的"模块 7>05.rvt"文件，如图 7-29 所示。

（2）切换到"建筑"选项卡，然后在"构建"面板中单击"楼板"下拉列表中的"楼板：楼板边"按钮，如图 7-30 所示。

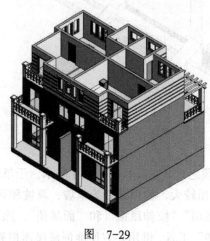

图 7-29　　　　　　　　　　　　　　　　图 7-30

（3）在实例"属性"面板中单击"编辑类型"按钮，如图 7-31 所示。

（4）单击"复制"按钮，然后在打开的"名称"对话框中输入相应的名称，单击"确定"按钮，如图 7-32 所示。

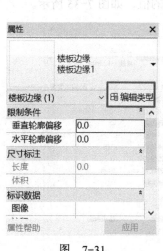

图 7-31　　　　　　　　　　　　　　　　图 7-32

（5）单击轮廓参数后的值，在下拉列表中选择"室外台阶"，如图 7-33 所示。

（6）将鼠标指针放置于楼板边界处，单击创建室外台阶，最终效果如图 7-34 所示。

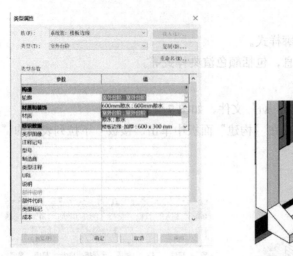

图 7-33

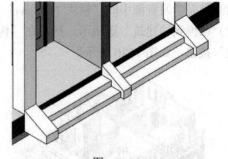

图 7-34

7.2 创建屋顶

屋顶是建筑的普遍构成元素之一，有平顶和坡顶之分，主要目的是用于防水。干旱地区房屋多用平顶，湿润地区多用坡顶。多雨地区屋顶坡顶较大，坡顶又分为单坡、双坡和四坡等。Revit 中提供了多种屋顶创建工具，分别是"迹线屋顶""拉伸屋顶"和"面屋顶"。除了屋顶工具外，Revit 还提供了"底板""封檐带"和"檐槽"工具，供用户方便地创建屋顶相关图元。

7.2.1 坡屋顶、拉伸屋顶、面屋顶

本节主要介绍通过不同的创建方式，来创建不同样式的屋顶。其中最常用的方式为"迹线屋顶"，只有创建弧形或其他形式屋顶时，才会采用"拉伸屋顶"方式。

1．屋顶实例参数

要修改屋顶的实例属性，可按修改类型属性相应参数的值，如图 7-35 所示。

图 7-35

屋顶实例属性参数介绍：

工作平面：与拉伸屋顶关联的工作平面。

房间边界：是否将屋顶作为房间边界。

与体量相关：提示此图元是从体量图元创建的。

拉伸起点：设置拉伸起点。（仅为拉伸屋顶启用此参数）

拉伸终点：设置拉伸终点。（仅为拉伸屋顶启用此参数）

参照标高：屋顶的参照标高，默认标高是项目中的最高标高。（仅为拉伸屋顶启用此参数）

标高偏移：从参照标高升高或降低屋顶。（仅为拉伸屋顶启用此参数）

封檐带深度：定义封檐带的线长。

椽截面：定义屋檐上的椽截面。

坡度：将坡度定义线的值修改为指定值，而无须编辑草图。

厚度：显示屋顶的厚度。

体积：显示屋顶的体积。

面积：显示屋顶的面积。

底部标高：设置迹线或拉伸屋顶的标高。

自标高的底部偏移：设置高于或低于绘制时所处标高的屋顶高度。（仅为迹线屋顶时启用此参数）

截断标高：指定标高，在该标高上方的所有迹线屋顶几何图形都不会显示。

截断偏移：在"截断标高"基础上，设置向上或向下的偏移值。

最大屋脊高度：屋顶顶部位于建筑物底部标高以上的最大高度。

2．屋顶类型属性

要修改屋顶的类型属性，可修改类型属性相应参数的值，如图 7-36 所示。

屋顶类型属性参数介绍：

结构：定义复合屋顶的结构层次。

默认的高度：指示屋顶类型的厚度，通过累加各层的厚度得出。

粗略比例填充样式：粗略详细程度下显示的屋顶填充图案。

粗略比例填充颜色：粗略比例视图中的屋顶填充图案的颜色。

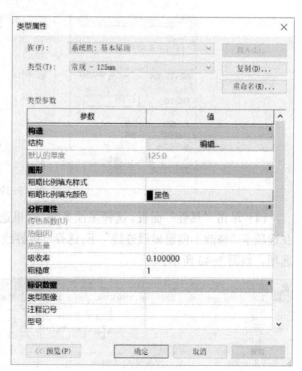

项目实战：创建迹线屋顶

（1）打开学习资源中的"模块 7>06.rvt"文件，如图 7-37 所示。

（2）选择"项目浏览器"中"楼层平面－屋顶"，如图 7-38 所示。

（3）切换到"建筑"选项卡，然后单击"构建面板"的"屋顶"按钮，如图 7-39 所示。

图　7-36

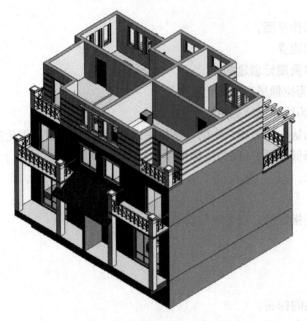

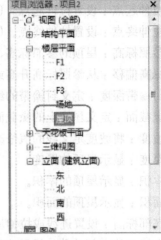

图 7-37   图 7-38

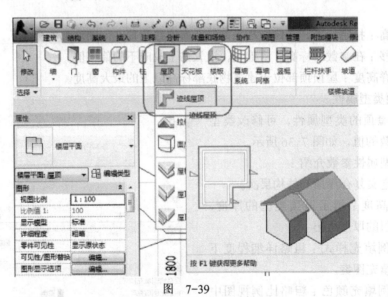

图 7-39

(4) 单击"属性"面板, 选择屋顶类型, 这里选择"基本屋顶 - 常规屋顶 -300mm", 然后, 在选项卡"修改 | 创建屋顶迹线"下, 选择"边界线 - 拾取墙"命令, 勾选左上角的"定义坡度"选项, 如图 7-40 所示。

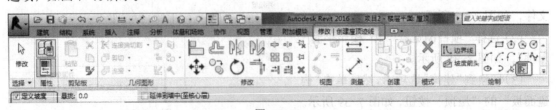

图　7-40

（5）拾取时，应注意拾取墙的外部边缘，修改坡度，如图 7-41 所示。

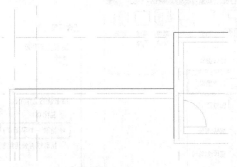

图　7-41

📢 说明：

　　屋顶坡度的定义，可以在编辑草图状态下修改；也可以完成屋顶后，选择屋顶进行修改"坡度"值。两种方法的区别在于，编辑草图状态下，可以对单一轮廓线进行坡度的修改或取消；完成状态下，修改坡度则会影响整个屋顶。

（6）完成后的最终三维效果图，如图 7-42所示。

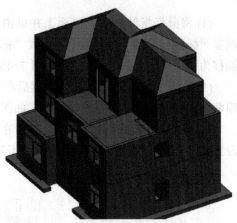

图　7-42

7.2.2　拉伸屋顶

相对来说，拉伸屋顶这种创建方法比较自由，可以随意编辑屋顶的截面形状，可以定义为任意形式。这种屋顶的创建方法比较适合一些非常规屋顶，如弧形屋顶等。在实际应用中，拉伸屋顶的使用率不是很高。读者可以根据实际情况选择创建屋顶的最佳方式。

项目实战：创建拉伸屋顶

（1）打开学习资源中的"模块 7>07.rvt"文件，如图 7-43 所示。

（2）选择到北立面视图中，然后切换至"建筑"选项卡，在"构建"面板中选择"屋顶"下拉菜单中的"拉伸屋顶"命令，如图 7-44 所示。

（3）在打开的"工作平面"对话框中，选择"拾取一个平面"单选按钮，单击"确定"按钮，如图 7-45所示。

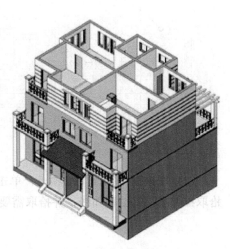

图　7-43

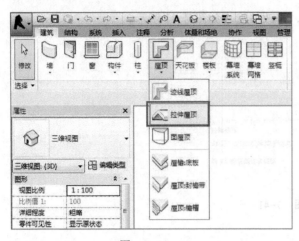

图 7-44　　　　　　　　　　　　图 7-45

(4) 将鼠标指针放置于墙面上并单击，在打开的"屋顶参照标高和偏移"对话框中，设置"标高"为"屋顶"、偏移为 0，单击"确定"按钮，如图 7-46 所示。

(5) 选择"弧形"绘制工具，然后在视图中绘制出屋顶截面外轮廓，单击"完成"按钮，如图 7-47 所示。

(6) 回到三维视图选择屋顶，然后在"属性"面板中设置拉伸起点和拉伸终点，如图 7-48 所示。

(7) 选择墙体，然后附着于屋顶。

图 7-46

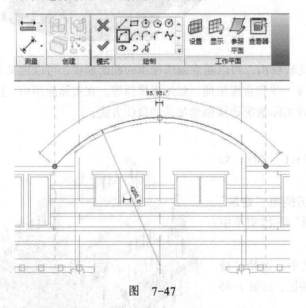

图 7-47　　　　　　　　　　　　图 7-48

(8) 切换到"修改"选项卡，单击"几何图形"面板中的"链接/取消屋顶连接"按钮，拾取拉伸屋顶的后截面线，并拾取需要连接的坡屋面，最终效果如图 7-49 所示。

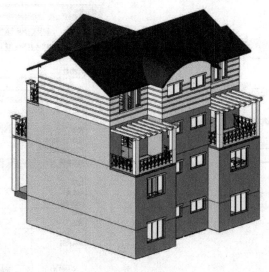

图　7-49

7.3　创建天花板

天花板作为建筑室内装饰不可或缺的部分，起着非常强的装饰作用。通常在室内设计中，更愿意称之为吊顶。其造型各异，在不同场所当中所用的材料也不相同。Revit 中创建的天花板，比较适用于平顶或叠级顶。如果是异型的天花板，则无法使用天花板工具实现，需要使用其他工具来完成。Revit 中提供了两种天花板的创建方法，分别是自动绘制与手动绘制。

7.3.1　自动绘制天花板

自动创建天花板是指当鼠标指针放置于一个封闭的空间（房间）时，系统会自动根据房间边界生成天花板。这种方法比较适用于教室、办公室以及卫生间等房间类型。

1．天花板实例属性

要修改天花板的实例属性，可修改实例属性相应参数的值，如图 7-50 所示。

天花板实例属性参数介绍：

标高：放置天花板的标高。

房间边界：天花板是否用于定义房间的边界条件。

坡度：设置天花板的坡度值。

周长：设置天花板的边界总长。

面积：设置天花板的平面面积。

体积：设置天花板的体积。

2．天花板类型属性

要修改天花板的类型属性，可修改类型属性相应参数的值，如图 7-51 所示。

天花板类型属性参数介绍：

结构：设置天花板复合结构的层。

厚度：设置天花板的总厚度。

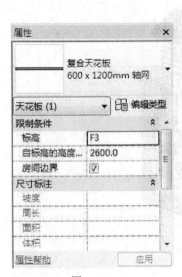

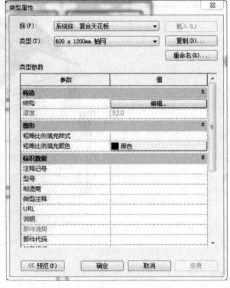

图　7-50　　　　　　　　　　　　　　　　　　图　7-51

粗略比例填充样式：当前类型图元在粗略详细程度下显示时的填充样式。

粗略比例填充颜色：粗略比例视图中当前类型图元填充样式的颜色。

项目实战：自动创建天花板

（1）打开学习资源中的"模块 7>08.rvt"文件，并切换到天花板平面 F1，如图 7-52 所示。

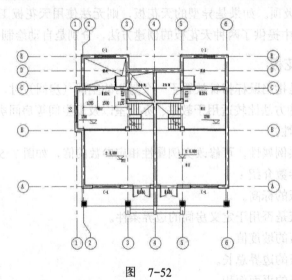

图　7-52

（2）切换到"建筑"选项卡，单击"构建"面板中的"天花板"按钮，如图 7-53 所示。

图　7-53

（3）在类型选择器中，选择天花板类型为"基本天花板常规"，然后设置"自标高的高度偏移"为 2800，如图 7-54 所示。

（4）系统默认设置方式为"自动创建天花板"，将鼠标指针放置于房间内，然后单击创建天花板，如图 7-55 所示。

图 7-54

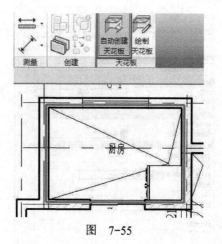

图 7-55

（5）按照相同的方法，将天花板放置于各个封闭的房间内。

7.3.2 手动绘制天花板

前面介绍了如何自动创建天花板，本节主要介绍手动创建天花板。在一些商业综合体或酒店等建筑类型中，其吊顶样式一般较为丰富。所以，在此类建筑中，更加适合使用手动方式来创建天花板，以满足设计师对吊顶样式的需求。

项目实战：手动创建天花板

（1）打开学习资源中的"模块 7>08.rvt"文件，并切换到天花板平面 F1，如图 7-56 所示。

（2）单击"天花板"按钮，然后在类型选择器中选择"复合天花板"，单击"编辑类型"按钮，如图 7-57 所示。

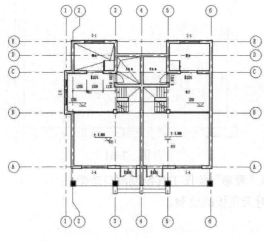

图 7-56

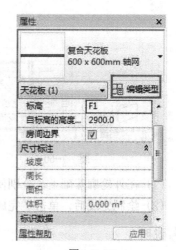

图 7-57

（3）在"类型属性"对话框中单击"复制"按钮，然后在打开的对话框中输入"轻钢龙骨吊顶-100mm"，单击"确定"按钮，并单击"编辑"按钮，如图 7-58 所示。

（4）设置结构层的"厚度"为 80，然后单击"确定"按钮，如图 7-59 所示。

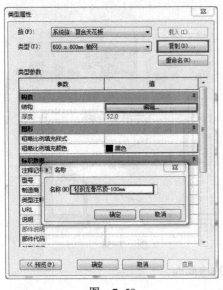

图 7-58

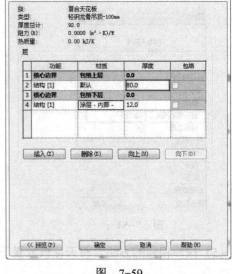

图 7-59

（5）切换到"修改 | 放置天花板"选项卡，然后单击"绘制天花板"按钮，如图 7-60 所示。

（6）选择"拾取线"工具，然后沿着大厅区域墙边及柱边绘制边界线。线段不连续的地方使用"修剪"工具修剪，形成一个封闭的轮廓，如图 7-61 所示。

图 7-60

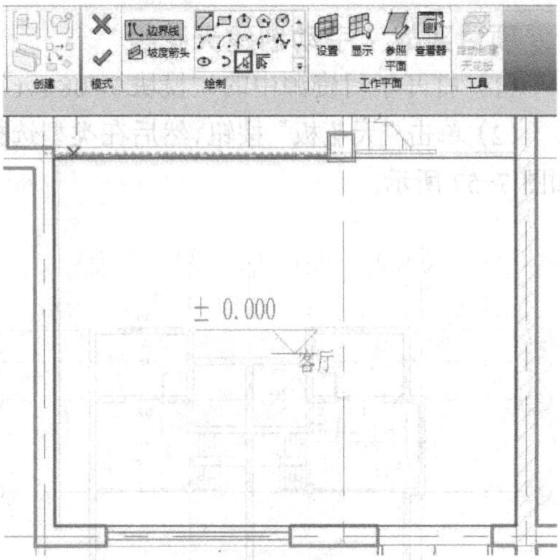

图 7-61

（7）在外轮廓基础上，分别使用"矩形"和"圆形"绘图工具绘制洞口造型。

（8）绘制完成后，单击"完成按钮"，完成对天花板的绘制。

📢 说明：

如果要创建叠级顶，可以创建多个天花板，通过设定不同的标高来实习最终效果。

模块 8

创建扶手、楼梯和洞口

📖 **学习要点**

◎栏杆的创建编辑；

◎楼梯的创建方法；

◎洞口的创建方法；

◎坡道的创建与修改。

Revit 中提供了扶手、楼梯、坡道等工具，通过定义不同的扶手、楼梯的类型，可以在项目中生成各种不同形式的扶手、楼板构件。

8.1 创建扶手栏杆

栏杆在实际生活中很常见，其主要的作用是保护人身安全，是建筑及桥梁上的安全措施，如在楼梯两侧、残疾人坡道等区域都会见到。经过多年的发展，栏杆除了可以保护人身安全以外，还可以起到分隔、导向的作用。设计好的栏杆，也有着非常不错的装饰作用。

8.1.1 创建室外栏杆

在 Revit 中扶手由两部分组成，即扶手与栏杆，在创建扶手前，需要在扶手类型属性对话框中定义扶手结构与栏杆类型。扶手可以作为独立对象存在，也可以附着于楼板、楼梯、坡道等主体图元。

Revit 提供了两种创建栏杆扶手的方法，分别是"绘制路径"和"放置在主体上"命令。使用"绘制路径"命令，可以在平面或三维视图中的任意位置创建栏杆。使用"放置在主体上"命令时，必须先拾取主体才可以创建栏杆。主体指楼梯和坡道两种构件。

1. 栏杆扶手实例属性

要修改实例属性，可修改实例属性下的相应参数值，如图 8-1 所示。

栏杆扶手实例属性参数介绍：

底部标高：指定栏杆扶手系统不位于楼梯或坡道上时的底部标高。

底部偏移：如果栏杆扶手系统不位于楼梯或坡道上，则此值是楼板或标高到栏杆扶手系统底部的距离。

踏板 / 梯边梁偏移：此值默认设置为踏板和梯边梁放置位置的当前值。

长度：栏杆扶手的实际长度。

注释：添加当前图元的注释信息。

标记：应用于图元的标记，如显示在图元多类别标记中的标签。

创建的阶段：设置图元创建的阶段。

拆除的阶段：设置图元拆除的阶段。

2．栏杆扶手类型属性

要修改类型属性，可在属性面板中单击"编辑类型"按钮，在"类型属性"对话框中修改相应参数的值，如图 8-2 所示。

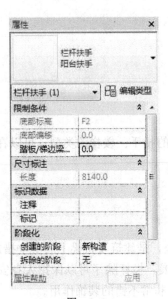

图 8-1

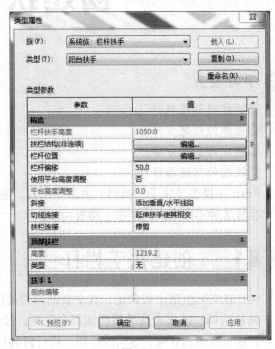

图 8-2

栏杆扶手类型属性参数介绍：

栏杆扶手高度：设置栏杆扶手系统中最高扶栏的高度。

扶栏结构（非连续）：在打开的对话框中可以设置每个扶栏的扶栏编号、高度、偏移、材质和轮廓族（形状）。

栏杆位置：单独打开一个对话框，在其中定义栏杆样式。

栏杆偏移：距扶栏绘制线的栏杆偏移。

使用平台高度调整：控制平台栏杆扶手的高度。

平台高度调整：基于中间平台或顶部平台"栏杆扶手高度"参数的指示值，提高或降低栏杆扶手的高度。

斜接：如果两段栏杆扶手在平面内相交成一定角度，且没有垂直连接，则可以选择任意一项。

切线连接：两段相切栏杆扶手在平面中共线或相切。

扶栏连接：当 Revit 无法在栏杆扶手之间进行连接时创建斜接连接，可以选修剪或焊接。

高度：设置栏杆扶手系统中顶部扶栏的高度。

类型：指定顶部扶栏的类型。

项目实战：创建室外栏杆

（1）打开学习资源中的"模块 8>01.rvt"文件，并切换到天花板平面 F1，如图 8-3 所示。

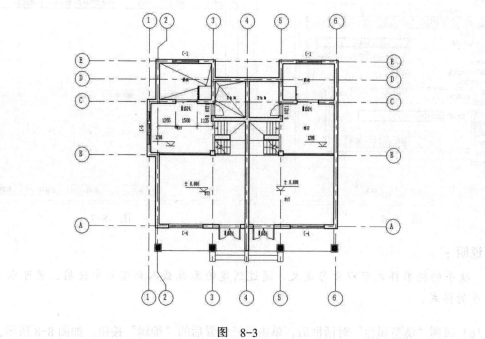

图　8-3

（2）切换到"建筑"选项卡,单击"楼梯坡道"面板中的"栏杆扶手"按钮,如图 8-4 所示。

图　8-4

（3）在类型选择器中选择"栏杆扶手 1100mm"选项，然后单击"编辑类型"按钮，如图 8-5 所示。

（4）在打开的"类型属性"对话框中单击"复制"按钮，然后输入"室外栏杆"，单击"确定"按钮，接着单击"编辑"按钮，如图 8-6 所示。

（5）在打开的"编辑扶手（非连续）"对话框中，单击"插入"按钮插入一个新的扶手，然后设置"高度"为 915、"轮廓"为"顶部扶栏"，"材质"为"木质"，单击"确定"按钮，如图 8-7 所示。

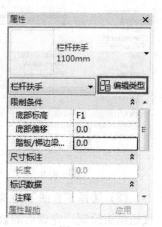

图　8-5

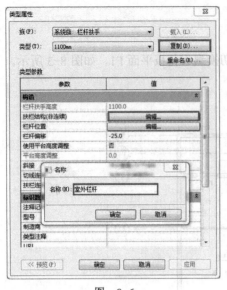

图 8-6

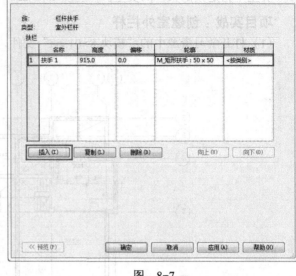

图 8-7

📢 说明：

扶手的轮廓样式可以自行定义，通过创建轮廓族载入到项目中使用，便可以更改
扶手的样式。

（6）回到"类型属性"对话框后，单击栏杆位置后的"编辑"按钮，如图 8-8 所示。

（7）在打开的"编辑栏杆位置"对话框中，设置"常规栏杆"为"M 栏杆 - 正方形"、"相
对前一栏杆的距离"为 275，然后设置"起点支柱""转角支柱"和"终点支柱"均为"M 栏杆 -
正方形"，单击"确定"按钮，如图 8-9 所示。

图 8-8

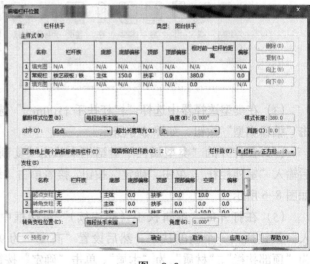

图 8-9

（8）选择"直线"绘制工具，然后在视图中绘制栏杆路径，如图 8-10 所示，单击"完成"
按钮结束绘制，完成后的效果如图 8-11 所示。

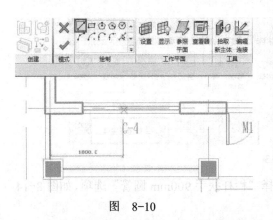

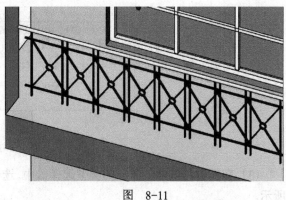

| 图 8-10 | 图 8-11 |

（9）使用同一类型栏杆完成其他地方的护栏绘制。

> 🔊 **说明：**
>
> 绘制栏杆路径时，只能绘制连接的线段。如果绘制多段不连接栏杆，则需要多次使用栏杆命令进行创建。

8.1.2　定义任意形式扶手

前面介绍了栏杆扶手的创建方法与样式的调整，本节主要介绍如何手动修改栏杆扶手的样式。例如，经常见到的残疾人坡道栏杆扶手，以及在楼梯间或地铁站等公共空间所用到的沿墙扶手。

项目实战：创建楼梯扶手

（1）打开学习资源中的"模块 8>02.rvt"文件，并切换到 F2 平面视图，如图 8-12 所示。

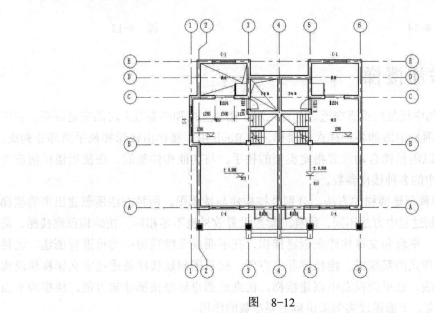

图 8-12

（2）切换到"建筑"选项卡，然后在"楼梯坡道"面板中，选择"栏杆扶手"下拉菜单中的"放置在主体上"命令，如图 8-13 所示。

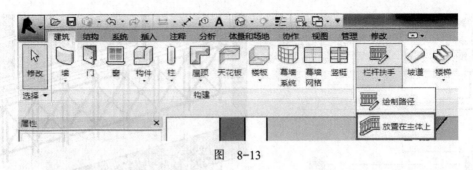

图 8-13

（3）在实例"属性"面板的类型选择器中，选择"栏杆扶手900mm 圆管"选项，如图8-14所示。

（4）在当前视图中单击室外台阶，将自动创建两侧扶手，然后使用"移动"工具将两侧扶手移动到合适的位置，切换到三维视图，如图8-15所示。

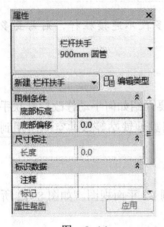

图 8-14

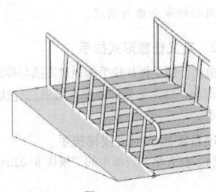

图 8-15

8.2 添加楼梯

楼梯作为建筑物中楼层间垂直交通的构件，用于楼层直接和高差较大时的交通联系。使用楼梯工具，可以在项目中添加各种样式的楼梯。在Revit中，楼梯由楼梯和扶手两部分构成。在绘制楼梯时，可以沿楼梯自动放置指定类型的扶手。与其他构件类似，在使用楼梯前应定义好楼梯类型属性中的各种楼梯参数。

Revit 提供了两种创建楼梯的方法，分别是按构件与按草图。两种方法所创建出来的楼梯样式相同，但在绘制过程中方法不同，同样的参数设置效果也不尽相同。按结构创建楼梯，是通过装配常见梯段、平台和支撑构件来创建楼梯，在平面或三维视图中均可进行创建，这种方法对于创建常规样式的双跑或三跑楼梯非常方便。按草图创建楼梯是通过定义楼梯梯段或绘制梯面线和边界线，在平面视图中创建楼梯，优点是创建异型楼梯非常方便，楼梯的平面轮廓形状可以自定义。下面通过实例来讲解主要参数的作用。

8.2.1 楼梯实例属性

若要修改实例属性，可以修改"属性"面板上的参数值，如图8-16所示。

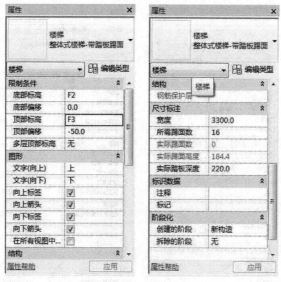

图 8-16

楼梯（按草图）实例属性参数介绍：

底部标高：设置楼梯的基面。

底部偏移：设置楼梯相对于底部标高的高度。

顶部标高：设置楼梯的顶部。

顶部偏移：设置楼梯相对于顶部标高的偏移量。

多层顶部标高：设置多层建筑中楼梯的顶部。

文字（向上）：设置平面中"向上"符号的文字。

文字（向下）：设置平面中"向下"符号的文字。

向上标签：显示或隐藏平面中的"向上"标签。

向上箭头：显示或隐藏平面中的"向上"箭头。

向下标签：显示或隐藏平面中的"向下"标签。

向下箭头：显示或隐藏平面中的"向下"箭头。

在所有视图中显示向上箭头：在所有项目视图中显示向上箭头。

宽度：楼梯的宽度。

所需梯面数：梯面数是基于标高间的高度计算得出的。

实际梯面数：通常该参数与所需梯面数相同。

实际梯面高度：显示实际梯面高度。

实际踏板深度：设置此值以修改踏板深度。

8.2.2 楼梯类型属性

若要修改类型属性，则选择楼梯，单击属性面板中的"编辑类型"按钮，在"类型属性"对话框中进行参数设置，如图 8-17 所示。

楼梯（按草图）类型属性参数介绍：

计算规则：单击"编辑"按钮以设置楼梯计算规则。

最大踢面高度：设置楼梯上每个踢面的最大高度。

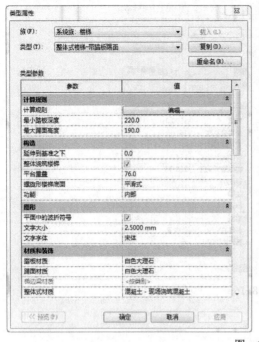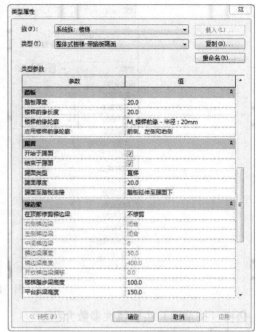

图 8-17

延伸到基准之下：将梯边梁延伸到楼梯底部标高之下。

整体浇筑楼梯：指定楼梯将由一种材质构造。

平台重叠：可控制梯面表面到底面上阶梯的垂直表面的距离。

螺旋形楼梯底面：设置楼梯底端是光滑式或阶梯式。

功能：指示楼梯是内部的（默认值）还是外部的。

平面中的波折符号：指定平面视图中的楼梯图例是否具有截断线。

文字大小：修改平面视图中向上 - 向下符号的尺寸。

文字字体：设置向上 - 向下符号的字体。

踏板材质：设置踏板的材质属性。

踢面材质：设置踢面的材质属性。

梯边梁材质：设置梯边梁材质属性。

整体式材质：设置楼梯主要结构材质。

踏板厚度：设置踏板的厚度。

楼梯前缘长度：指定相对于下一个踏板的踏板深度所超出部分的长度。

楼梯前缘轮廓：添加到踏板前侧的放样轮廓。

应用楼梯前缘轮廓：指定单边、双边或三边踏板前缘。

开始于踢面：Revit 将向楼梯开始部分添加踢面。

结束于踢面：Revit 将向楼梯末端部分添加踢面。

踢面类型：创建直型或倾斜型踢面或不创建踢面。

踢面厚度：设置踢面厚度。

踢面至踏板连接：切换踢面与踏板的相互连接关系。

在顶部修剪梯边梁:"在顶部修剪梯边梁"会影响楼梯梯段上梯边梁的顶端。

右侧梯边梁:设置楼梯右侧的梯边梁类型。

左侧梯边梁:设置楼梯左侧的梯边梁类型。

中间梯边梁:设置楼梯左右侧之间的楼梯下方出现的梯边梁数量。

梯边梁厚度:设置梯边梁的厚度。

梯边梁高度:设置梯边梁的高度。

开放踏步梁高度:楼梯拥有开放梯边梁时启用,从一侧向另一侧移动开放梯边梁。

楼梯踏步梁高度:控制侧梯边梁和踏板之间的关系。

平台斜梁高度:允许梯边梁与平台的高度关系,不同于梯边梁与倾斜梯段的高度关系。

项目实战:创建楼梯

(1)打开学习资源中的"模块 8>02.rvt"文件,并切换到 F2 平面视图,如图 8-18 所示。

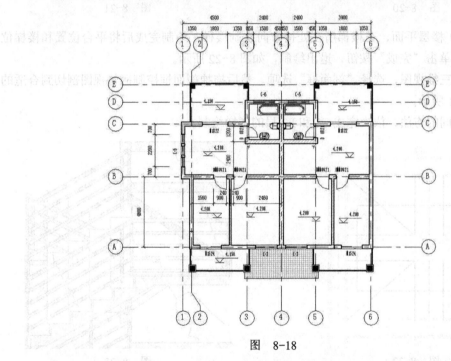

图 8-18

(2)切换到"建筑"选项卡,单击"楼梯坡道"面板中的"楼梯"按钮,如图 8-19 所示。

图 8-19

(3)在类型选择器中选择"整体浇筑楼梯"选项,然后设置相应的标高限制条件,如图 8-20 所示,接着设置"所需踢面数"为 16、"实际踏板深度"为 220,如图 8-21 所示。

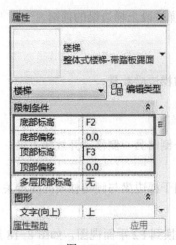

图 8-20

图 8-21

（4）单击 F1 楼层平面，在楼梯所在处按方向绘制楼梯，绘制完成后将平台位置和楼梯位置调整好，最后单击"完成"按钮，退出绘制，如图 8-22 所示。

（5）切换到三维视图，选择"剖面框"选项，然后拖拽剖面框控制柄将视图剖切到合适的位置，如图 8-23 所示。

（6）按照相同的方法，依次完成 F2 和 F3 层的楼梯绘制。

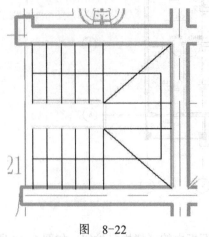

图 8-22

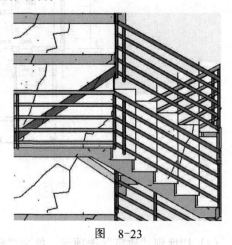

图 8-23

8.2.3 修改楼梯扶手

在 Revit 中绘制楼梯后，默认会自动沿楼梯草图边界线生成扶手。在多数情况下，还需要对扶手进行一些编辑，才能达到实际需要的效果。

项目实战：编辑楼梯扶手

（1）打开学习资源中的"模块 8>03.rvt"文件，并切换到 F1 平面视图，如图 8-24 所示。

（2）选中现有的楼梯扶手，然后打开"编辑栏杆位置"对话框，对栏杆扶手进行设置，最后单击"确

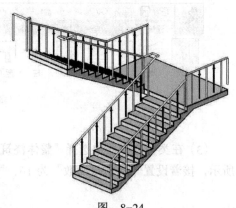

图 8-24

定"按钮，如图 8-25 所示。

（3）最终三维完成效果，如图 8-26 所示。

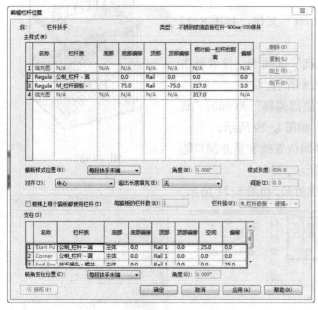

图 8-25

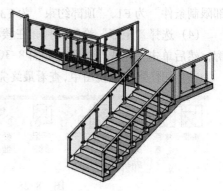

图 8-26

8.3 创建洞口

建筑中会存在各式各样的洞口，其中包括门窗洞口，楼板、天花板洞口和结构梁洞口等。在项目中添加楼板、天花板等构件后，需要在楼梯间、电梯间等部位的楼板、天花板及屋顶上创建洞口。在创建楼板、天花板、屋顶这些构件的轮廓边界时，可以通过边界轮廓来生成楼梯间、电梯井等部位的洞口，也可以使用 Revit 提供的洞口工具创建完成的楼板、天花板上生成洞口。在 Revit 中可以实现不同类型洞口的创建，并且根据不同情况、不同构件提供了多种洞口工具与开洞的方式。Revit 共提供了五种洞口工具，分别是"按面""竖井""墙""垂直"和"老虎窗。"

洞口工具介绍：

按面：垂直于屋顶、楼板或天花板选定面的洞口。

竖井：跨多个标高的垂直洞口，贯穿其间的屋顶、楼板和天花板进行剪切。

墙：在直墙或弯曲墙中剪切一个矩形洞口。

垂直：贯穿屋顶、楼板或天花板的垂直洞口。

老虎窗：剪切屋顶，以便为老虎窗创建洞口。

8.3.1 创建竖井洞口

建筑中一般会存在多种井道，其中包括电井、风井和电梯井等。这些井道往往会跨越多个标高，甚至从头到尾。如果按照常规的方法，必须在每一层的楼板上单独开洞。不过遇到这种情况，在 Revit 中可以使用"竖井洞口"命令实现多个楼层间批量开洞。

项目实战：创建楼梯间洞口

楼梯间的洞口与管井的洞口相似，都是跨越了多个标高形成的垂直洞口，所有创建方法也相同。

（1）打开学习资源中的"模块 8>04.rvt"文件，如图 8-27 所示。

（2）选择 F3 视图，然后切换到"建筑"选项卡，接着单击"洞口"面板中的"竖井"按钮，如图 8-28 所示。

（3）在实例"属性"面板中，设置"底部偏移"为 900、"底部限制条件"为 F1、"顶部约束"为 F3，如图 8-29 所示。

（4）选择"矩形"绘制工具，在楼梯间位置绘制竖井洞口轮廓，然后单击"完成"按钮，如图 8-30 所示。

（5）切换到三维视图中，查看最终完成效果，如图 8-31 所示。

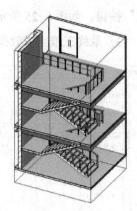

图 8-27

图 8-28

图 8-29

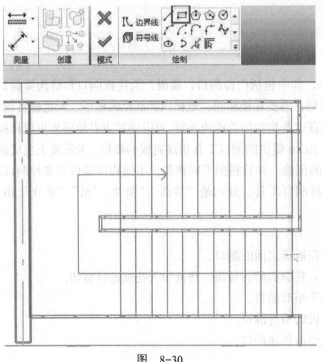

图 8-30

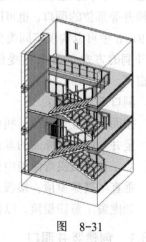

图 8-31

8.3.2 其他形式洞口

本节主要介绍其他洞口的创建方法，包括"面洞口""墙洞口""垂直洞口"以及"老虎窗洞口"。除了"老虎窗洞口"外，其他洞口的创建方法比较简单，本节主要介绍老虎窗洞口。

项目实战：创建老虎窗洞口

（1）打开学习资源中的"模块 8>05.rvt"文件，如图 8-32 所示。

（2）切换到"建筑"选项卡，然后单击"洞口"面板中的"老虎窗"按钮，如图 8-33 所示。

（3）先拾取主屋顶，然后拾取老虎窗屋顶，接着单击"拾取屋顶 / 墙边缘"按钮，并使用"修剪"命令修改洞的轮廓线，如图 8-34 所示。

（4）单击"完成"按钮，查看最终完成效果，如图 8-35 所示。

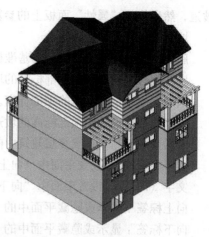

图 8-32

图 8-33

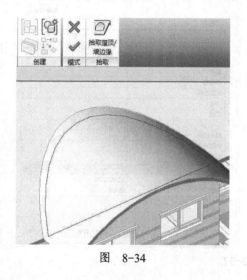

图 8-34

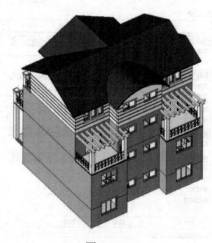

图 8-35

8.4　添加坡道

在商场、医院、酒店和机场等公共场合经常会见到各式各样的坡道，其主要作用是连接高差地面、楼面的斜向交通通道以及门口的垂直交通竖向疏散措施。建筑设计中，常用到的坡道分为两种，一种是汽车坡道，另外一种是残疾人坡道。

Revit 提供了坡道工具，可以为项目添加坡道。坡道工具的使用与楼梯类同。不同点在于，Revit 只提供了按草图创建坡道，而不同于楼梯有两种创建方式。若要更改实例属性，则选择坡道，然后修改"属性"面板上的参数值，如图 8-36 所示。

坡道实例属性参数介绍：

底部标高：设置坡道底部的基准标高。

底部偏移：设置距其底部标高的坡道高度。

顶部标高：设置坡道的顶部标高。

顶部偏移：设置距顶部标高的坡道高度。

多层顶部标高：设置多层建筑中的坡道顶部。

文字（向上）：设置平面中"向上"符号的文字。

文字（向下）：设置平面中"向下"符号的文字。

向上标签：显示或隐藏平面中的"向上"标签。

向下标签：显示或隐藏平面中的"向下"标签。

在所有视图中显示向上箭头：在所有项目视图中显示向上箭头。

宽度：坡道的宽度。

图 8-36

若要修改类型属性，则选择坡道，单击"属性"面板中"编辑类型"
按钮。在"类型属性"对话框中进行参数的修改，如图 8-37 所示。

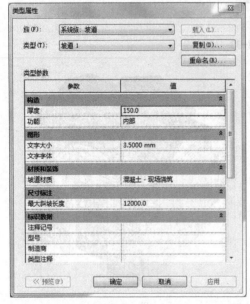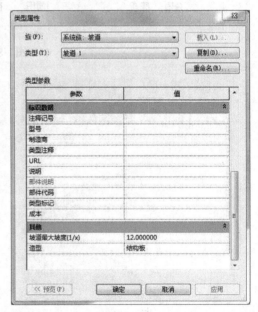

图 8-37

坡道类型属性参数介绍：

厚度：设置坡道的厚度。仅当"形状"属性设置为厚度时，才启用此属性。

功能：指示坡道是内部的（默认值）还是外部的。

文字大小：坡道向上文字和向下文字的字体大小。

文字字体：坡道向上文字和向下文字的字体。

坡道材质：为渲染而应用于坡道表面的材质。

最大斜坡长度：指定要求平台前坡道中连续踢面高度的最大数量。

注释记号：添加或编辑坡道注释记号。

型号：定义坡道模型的具体型号。

制造商：定义坡道制造商。

类型注释：添加坡道注释信息。

URL：设置坡道所对应的超链接地址。

说明：添加坡道的说明信息。

部件说明：基于所选部件代码的部件说明。

部件代码：设置层级列表中统一格式部件代码。

类型标记：设置坡道类型标记。

成本：设置走道的成本预算。

坡道最大坡度（1/x）：设置坡道的最大坡度。

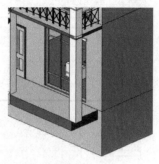

图 8-38

项目实战：创建老虎窗洞口

（1）打开学习资源中的"模块 8>06.rvt"文件，如图 8-38 所示。

（2）选择 F1 平面，然后切换到"建筑"选项卡，接着在"楼梯坡道"面板中单击"坡道"按钮，如图 8-39 所示。

图 8-39

（3）在实例"属性"面板中，设置"底部标高"为"室外地坪"、"顶部标高"为 F1，然后单击"编辑类型"按钮，如图 8-40 所示。

（4）在"类型属性"面板中，将滚动条拖拽至最下方，然后设置"坡道最大坡度"为 8、"造型"为"实体"，接着单击"确定"按钮，如图 8-41 所示。

图 8-40

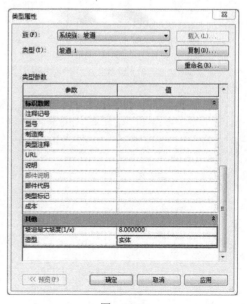

图 8-41

（5）选择"梯段"绘制方式为"直线"，以台阶顶部边缘为起点，绘制长度为 2800 mm 的坡道，然后单击"完成"按钮，如图 8-42 所示，切换到三维视图，最终完成效果如图 8-43 所示。

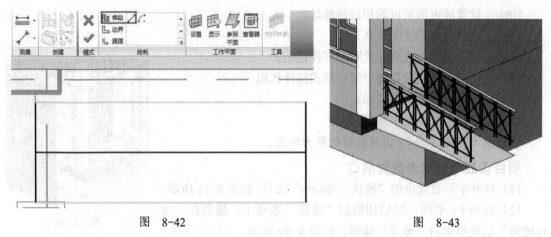

图 8-42 图 8-43

模块 9

创建建筑构件

学习要点

◎构件的载入方式；

◎不同构件族的放置方法；

◎不同族类别的分类。

在 Revit 中，构件用于对通常需要现场交付和安装的建筑图元（如门、窗和家具）进行建模。构件是可载入族的实例，并以其他图元（如系统族的实例）为主体。例如，门以墙为主体，桌子等独立构件以楼板或标高为主体。

9.1 添加雨篷

入口处的雨篷为钢结构雨篷，相对比较复杂，我们用载入族的方法来创建。

项目实战：添加入口处雨篷

（1）打开学习资源中的"模块 9>01.rvt"文件。

（2）选择"插入"选项卡下的"载入族"工具，如图 9-1 所示，打开"载入族"对话框，在列表中选择"特殊雨篷"族。

图 9-1

（3）切换到 F2 楼层平面，单击"建筑"选项卡中的"构件"选择，将特殊雨篷的"标高"设置为 F2，"立面"为 0，将其放置厨房门口之上，并调整位置，如图 9-2 所示。

（4）完成后，进入三维视图，最终效果如图 9-3 所示。

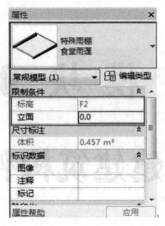

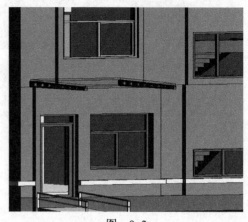

图 9-2　　　　　　　　　　　　　　　　　　图 9-3

9.2　家具的布置

在室内设计中，家具布置显得尤为重要。例如，酒店宴会厅或办公室等公共区域，桌椅的摆放是否合理，直接影响到整个空间的使用率以及美观性。以往设计中，都是通过二维平面进行表示，在 Revit 中可以通过平面结合三维的方式，更直观地观察所做的布置。

如果要修改实例属性，则选择桌椅，修改"属性"选项板上的参数值，如图 9-4 所示。

构件实例属性参数介绍：

标高：构件所在空间的标高位置。

主体：构件底部附着的主体表面（楼板、表面和标高）。

与邻近图元一同移动：控制与否跟随最近图元同步移动。

项目实战：室内家具布置

（1）打开学习资源中的"模块 9>02.rvt"文件，并切换到餐厅层平面视图，如图 9-5 所示。

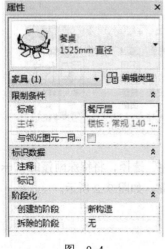

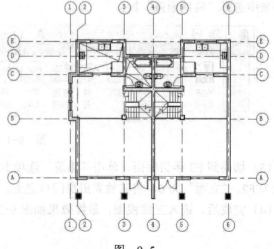

图 9-4　　　　　　　　　　　　　　　　　　图 9-5

（2）切换到"插入"选项卡，单击"从库中载入"面板中的"载入族"按钮，如图 9-6 所示。

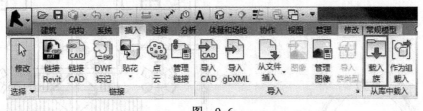

图 9-6

（3）在打开的"载入族"对话框中，依次单击"建筑 > 家具 >3D> 桌椅 > 桌椅组合"，然后选择"餐桌 – 圆形带餐椅"，单击"打开"按钮，如图 9-7 所示。

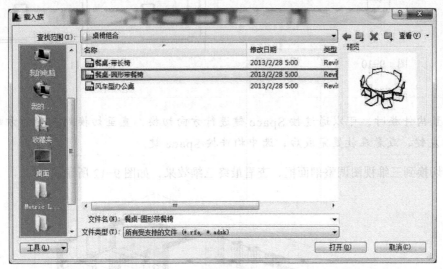

图 9-7

（4）切换到"建筑"选项卡，在"构建"面板中，选择"构件"下拉菜单中的"放置构件"命令，如图 9-8 所示。

（5）在类型"属性"面板中，选择刚刚载入的餐桌族，设置"标高"为餐厅层，如图 9-9 所示。

图 9-8

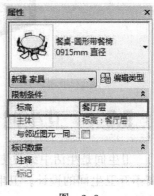

图 9-9

（6）在平面视图中将鼠标指针移动到合适的位置后，单击进行放置，如图 9-10 所示。

（7）按照同样的方法，布置茶几、电视、橱柜等家具，如图 9-11 所示。

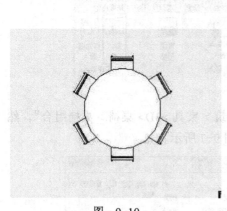

图 9-10

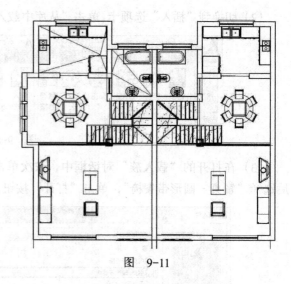

图 9-11

 说明：

　　放置构件族时，可以通过按 Space 键进行方向切换，直至切换到正确的方向后单击鼠标左键，或者在放置完成后，选中构件按 Space 键。

　　（8）切换到三维视图调整剖面框，查看最终三维效果，如图 9-12 所示。

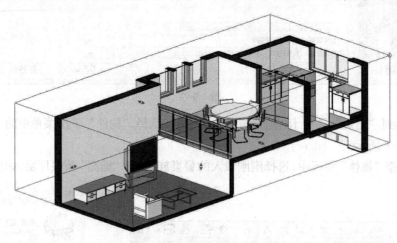

图 9-12

9.3　卫生间的布置

　　卫生间是生活中经常使用的空间，在建筑设计中，公共建筑、居住建筑和工业建筑中都离不开卫生间的设计。卫生间的设计直接关系到日后建筑实际居住或使用人员的舒适与便捷性。

　　使用"构件"工具通过调用合适的族，可以为项目布置室内房间的家具、洁具等。要使用"构件"工具布置卫生间，必须先将指定的构件族载入项目中。

项目实战：卫生间卫浴装置布置

（1）打开学习资源中的"模块 9>02.rvt"文件，并切换到 F3 平面视图，如图 9-13 所示。

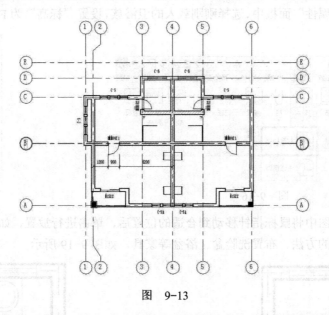

图 9-13

（2）切换到"插入"选项卡，单击"从库中载入"面板中的"载入族"按钮，如图 9-14 所示。

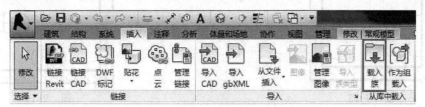

图 9-14

（3）在打开的"载入族"对话框中，依次单击"建筑 > 卫生器具 >3D> 常规卫浴"，然后选择"坐便器｜3D"，单击"打开"按钮，如图 9-15 所示。

图 9-15

（4）切换到"建筑"选项卡，在"构建"面板中，选择"构件"下拉菜单中的"放置构件"命令，如图 9-16 所示。

（5）在类型"属性"面板中，选择刚刚载入的卫浴族，设置"标高"为 F3，如图 9-17 所示。

图　9-16 　　　　　　　　　　　　　　　　图　9-17

（6）在平面视图中将鼠标指针移动到合适的位置后，单击进行放置，如图 9-18 所示。

（7）按照同样的方法，布置洗脸盆、浴盆等家具，如图 9-19 所示。

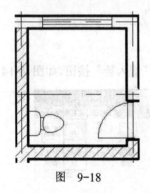

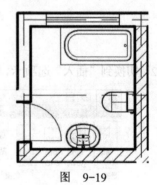

图　9-18 　　　　　　　　　　　　　　　　图　9-19

（8）完成后，最终的三维效果如图 9-20 所示。

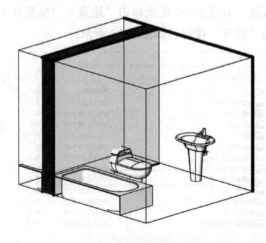

图　9-20

模块 10

创建房间

📖 **学习要点**

◎ 房间的放置与面积统计；

◎ 房间类型的划分；

◎ 区域划分与面积统计。

10.1 房间和图例

建筑物当中，空间的划分非常重要。不同类型的空间存在于不同的位置，也就决定了每个房间的用途各不相同。每个独立的户型内部，会划分为客厅、厨房、卫生间和卧室等区域。Revit 可以自动统计各个房间的面积，以及最终各类型房间的总数。当空间布局或房间数量改变之后，相应的统计也会自动更新。

10.1.1 添加房间

建筑师在绘制的建筑图纸上，都会表示清楚各个房间的位置。例如，卫生间、客厅、餐厅、厨房等。这些信息需要在平面以及剖面视图中，利用文字描述来表达清楚。

在 Revit 中，如果在平面视图中创建了房间信息，到了相应的剖面视图中，信息会自动添加，而且两者之间会存在参数化联动关系。且当平面视图中房间信息修改后，剖面视图也会自动更新，避免了平面与剖面视图表达信息不一致的问题。

如果要修改实例属性，在"属性"选项面板上选择图元并修改相应参数值，如图 10-1 所示。

房间实例属性参数介绍：

标高：当前房间所在的标高位置。

上限：以当前标高所达到上一标高位置。

高度偏移：以上限为基准向上移动的距离。

属性

C_房间标记_名称+面积
C_房间名称面积

新建 房间　　　　编辑类型

限制条件
标高	F2
上限	F2
高度偏移	3000.0
底部偏移	0.0

尺寸标注
面积	未闭合
周长	未闭合
房间标示高度	3000.0
体积	未计算
计算高度	0.0

标识数据
编号	
名称	房间
注释	
占用	
部门	
基面面层	
天花板面层	
墙面面层	
楼板面层	

图　10-1

底部偏移：以标高为基准向上移动的距离。

面积：房间的面积。

周长：房间的总长度。

房间标示高度：放置设置的高度。

体积：房间的体积数值。

编号：指定的房间编号，该值对于项目中的每个房间都必须是唯一的。

名称：设置房间名称，如"卧室""餐厅"。

注释：添加有关房间的信息。

占用：房间的占用类型。

部门：设置使用当前房间的部门。

基面面层：设置当前讲解基面的面层信息。

天花板面层：设置天花板的面层信息。

墙面面层：设置墙面的面层信息。

楼板面层：设置地面面层。

居住者：设置使用当前房间的人或组织的名称。

项目实战：创建房间和面积统计

（1）打开学习资源中的"模块 10>01.rvt"文件，并切换到 F2 平面视图，如图 10-2 所示。

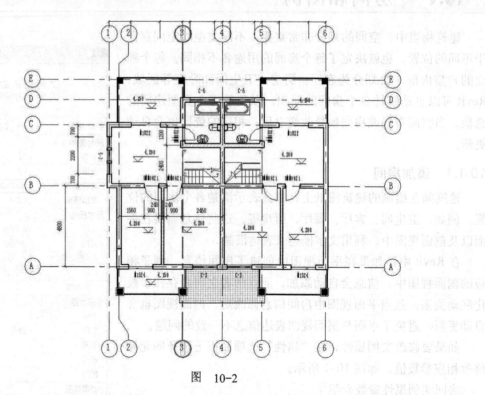

图　10-2

（2）切换到"建筑"选项卡，单击"房间和面积"面板中的"房间"按钮，如图 10-3 所示。

（3）将鼠标指针放置于起居室的封闭空间内，单击放置，如图 10-4 所示。

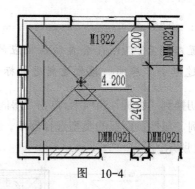

图 10-3　　　　　　　　　　　　　　　图 10-4

（4）按照相同的方法，放置其他房间，如图 10-5 所示。

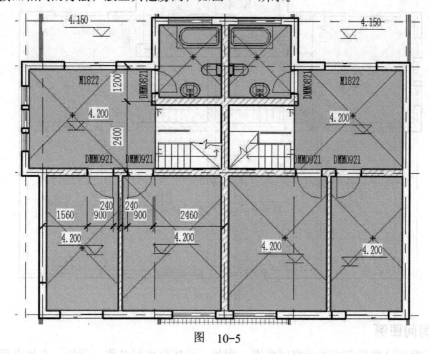

图 10-5

（5）切换到"建筑"选项卡，单击"房间和面积"面板中的"房间分隔"按钮，如图 10-6 所示。

（6）在起居室与楼梯间交界的位置，添加一条房间分隔线，用以将两个空间划分开来，如图 10-7 所示，然后使用"房间"工具添加楼梯间。

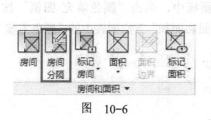

图 10-6

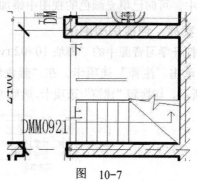

图 10-7

📢 **说明 ：**
　　放置房间后，Revit会自动在相应的房间放置房间标记。如果将房间标记误删除，可以通过单击"房间"按钮重新进行标记。

　　（7）切换到"建筑"选项卡,单击"房间和面积"面板中的"标记房间"按钮,如图10-6所示,在实例"属性"面板的类型选择器中,选择"标记–房间–有面积"选项,标记各个房间,如图10-8所示。

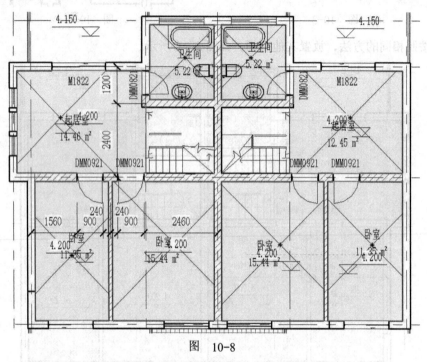

图　10-8

10.1.2　房间图例

　　颜色方案可以图形方式表示空间类别。例如，可按照房间名称、面积、占用或部门创建颜色方案。如果要在楼层平面中按部门填充房间的颜色，则可以将每个房间的"部门"参数值设置为必需的值，然后根据"部门"参数值创建颜色方案，接着可以添加颜色填充图例，以标识每种颜色所代表的部门。颜色方案可将指定的房间和区域颜色，应用到楼层平面视图或剖面视图中。可向已填充颜色的视图中添加颜色填充图例，以标识颜色所代表的含义。

项目实战：创建房间图例
　　（1）打开学习资源中的"模块 10>02.rvt"文件。
　　（2）单击"注释"选项卡，在"颜色填充"面板中，单击"颜色填充 图例"按钮，如图 10-9 所示。切换到"建筑"选项卡,然后单击"房间和面积"下拉列表中的"颜色方案"按钮。

图　10-9

（3）在当前视图右侧单击，然后在打开的"选择空间类型和颜色方案"对话框中，设置"空间类型"为"房间"，"颜色方案"为"方案1"，接着单击"确定"按钮，如图 10-10 所示。

（4）选择刚刚新建的颜色图例，然后单击"修改│颜色填充图例"中的"编辑方案"按钮，如图 10-11 所示。

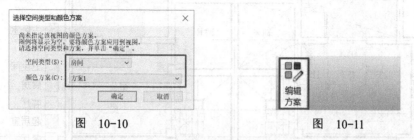

图　10-10　　　　　　　　　　　　　　　　图　10-11

（5）在打开的"编辑颜色方案"对话框中选择"方案1"，然后单击"复制"按钮，接着在打开的"新建颜色方案"对话框中输入名称"房间类型"，最后单击"确定"按钮，如图 10-12 所示。

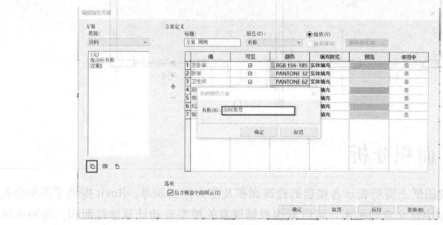

图　10-12

（6）设置"标题"为"房间类型"，"颜色"为"名称"，此时软件将自动读取项目房间，并显示在当前房间列表当中，如图 10-13 所示。

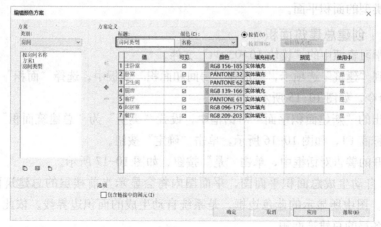

图　10-13

（7）按此方法绘制每一层的房间图例。设置完成后的最终效果如图 10-14 所示。

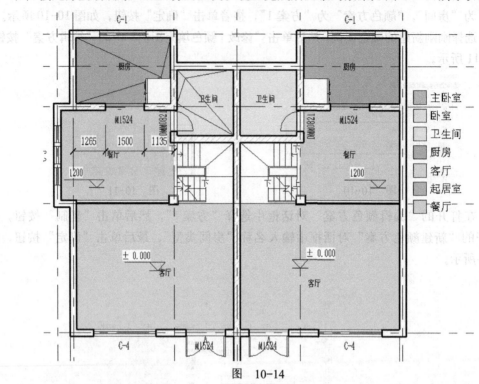

图　10-14

10.2　面积分析

通常在建筑图纸上需要表示各楼层的建筑面积及防火区面积等。Revit 提供了面积分析工具，在建筑模型中定义空间关系，可以直接根据现有的模型自动计算建筑面积、各防火区面积等。

Revit 默认可以建立 5 种类型的面积平面，分别是"人防分区面积""净面积""可出租""总建筑面积"和"防火分区面积"。除了这 5 种类型的面积平面以外，还可以根据实际需要，自己新建不同类型的面积平面。

项目实战：创建总建筑面积

（1）打开学习资源中的"模块 10>03.rvt"文件。

（2）切换到"建筑"选项卡，然后在"房间和面积"面板中，选择"面积"下拉菜单中的"面积平面"命令，如图 10-15 所示。

（3）在弹出的"新建面积平面"对话框中，设置"类型"为"总建筑面积"，然后选择当前平面所在的标高 F1，如图 10-16 所示，单击"确定"按钮。

（4）在打开的警告对话框中，单击"是"按钮，如图 10-17 所示。

（5）Revit 自动生成总面积平面图，平面图内将会显示当前楼层的总建筑面积标记，如图 10-18 所示。图中所显示的蓝色边框，是系统自动生成的面积边界线。依此类推，可以分别计算出其他各层的总建筑面积。

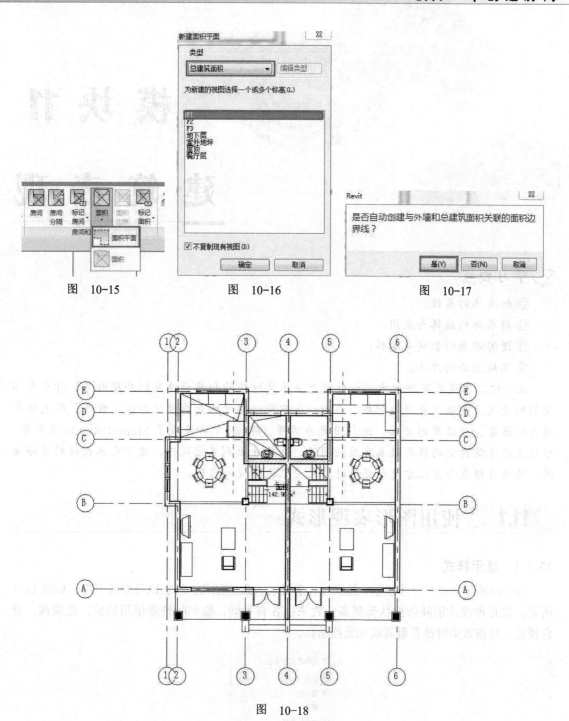

图 10-15　　　　　图 10-16　　　　　图 10-17

图　10-18

📢 说明：

通过面积平面所得到的总建筑面积或防火分区面积，只能是单个楼层的。如果需要计算整栋建筑的建筑平面，需要利用明细表统计。

模块 11
建筑表现

学习要点

◎ 材质库的属性；

◎ 材质库的编辑与使用；

◎ 漫游动画的创建与编辑；

◎ 本地渲染的方法。

在传统二维模式下进行方案设计时无法很快地校验和展示建筑的外观形态，对于内部空间的情况更是难于直观地把握。在 Revit 中可以实时地查看模型的透视效果，形成非常逼真的图像，创建漫游动画、进行日光分析等，Revit 软件集成了 Mental Ray 渲染引擎，可以生成建筑模型的照片级真实渲染图像，无须导出到其他软件，便于展示设计的最终效果，使设计师在与其他方进行交流时能充分表达其设计意图。

11.1 使用图形表现形式

11.1.1 显示样式

图形的显示样式可分为线框、隐藏线、着色、一致的颜色、真实以及光线追踪，如图 11-1 所示。这几种模式消耗依次从低到高，效果也各有不同，绘制时推荐使用线框、隐藏线、着色模式，观察效果时推荐看真实和光线追踪。

图 11-1

11.1.2 设置"图形显示选项"

单击图形显示选项，将所有下拉列表打开，可根据需求和所追求的效果进行设置，最终达到所要的效果，如图 11-2 所示。

图 11-2

11.2 设置材质的渲染外观

Revit 中的材质代表实际的材质，例如木材、玻璃、混凝土等。这些材质可以应用于设计的各个不同部分，使对象具有真实的外观和行为。

11.2.1 材质库

材质库是材质和相关资源的集合。Revit 提供了部分库，其他库则由用户创建。可以通过创建库来组织材质。

项目实战：添加材质库

（1）新建项目文件，然后切换到"管理"选项卡，接着单击"设置"面板中的"材质"按钮，如图 11-3 所示。

图 11-3

（2）打开"材质浏览器"对话框，单击"库"下拉列表，然后选择"创建新库"选项，如图 11-4 所示。

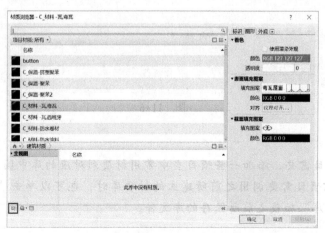

图 11-4

（3）在打开的"选择文件"对话框中输入相应的文件名，单击"保存"按钮，如图 11-5 所示。

图 11-5

（4）选择现有的列表当中的材质，然后右击，接着选择"添加到"中的"建筑材质"命令，如图 11-6 所示。添加完成的材质都会显示在当前新建的材质库中。

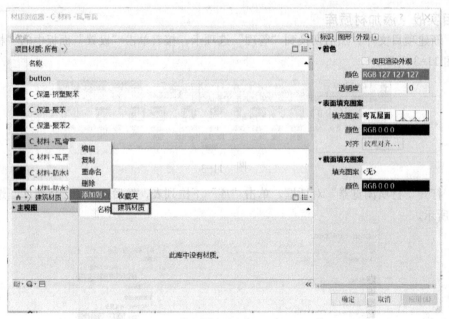

图 11-6

🔊 说明：

可以根据项目需要，添加一些项目当中常用材质到对应的库中国，方便实际操作中调用。当其他项目需要调用之前所建立的材质库时，也可以单击"库"下拉列表，选择"打开现有库"加载之前所保存的库文件。

11.2.2 材质属性

Revit 中所提供的材质都包含若干个属性，分为 5 个类别，分别是"标识""图形""外观""物理"和"热度"，每个类别下的参数控制对象的不同属性。"标识"选项卡提供有关材质的常规信息，如说明、制造商和成本数据，如图 11-7 所示。

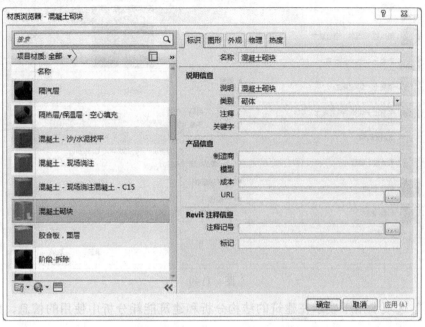

图 11-7

"图形"选项卡可以修改定义材质在着色视图中显示的方式以及材质外表面和截面在其他视图中显示的方式，如图 11-8 所示。

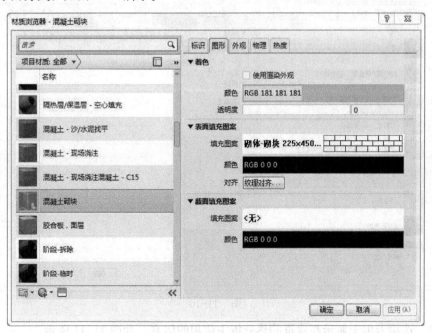

图 11-8

"外观"选项卡信息用于控制材质在渲染中的显示方式，如图 11-9 所示。

图　11-9

"物理"选项卡用于显示在建筑的结构分析和建筑能耗分析中使用的信息，如图 11-10 所示。

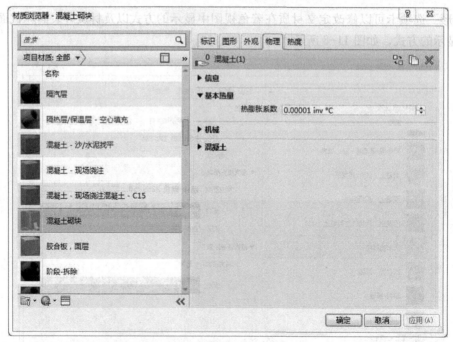

图　11-10

"热度"选项卡用于显示在建筑的热分析中使用的信息，如图 11-11 所示。

图　11-11

11.2.3　材质的添加与编辑

本节主要介绍如何添加新的材质并编辑相关的属性内容。

项目实战：添加屋顶材质

（1）打开学习资源中的"模块 11>01.rvt"文件，选择屋顶图元，如图 11-12 所示。

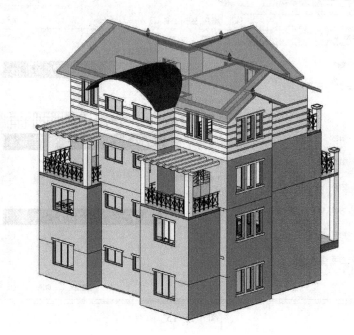

图　11-12

（2）单击实例"属性"面板中的"编辑类型"按钮，打开"类型属性"对话框，如图 11-13 所示，单击"结构"后"编辑"按钮，打开"编辑部件"对话框，如图 11-14 所示。

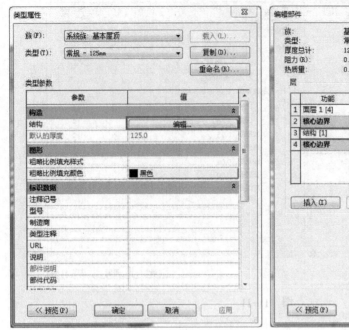

图　11-13

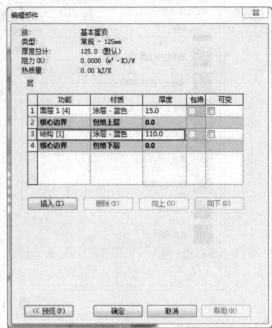

图　11-14

（3）单击"结构 1"的"材质"按钮，打开"材质浏览器"对话框，如图 11-15 所示，设置屋顶材质。

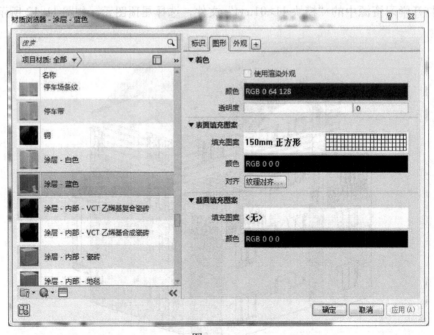

图　11-15

（4）按照同样的方法，可以实现对其他对象的材质设置。

11.3　创建相机

设置好材质后，可以为项目添加透视图及布景。使用"相机"工具可以在项目中添加任意位置的透视视图。

使用相机工具可以为项目创建任意视图。在进行渲染之前需要根据表现需要添加相机，以得到各个不同的视点。

项目实战：创建相机透视视图

（1）打开学习资源中的"模块 11>01.rvt"文件，切换到 F2 楼层平面图，单击"视图"选项卡中的"三维视图"工具下拉列表，在列表中选择"相机"工具。勾选选项栏中的"透视图"选项，设置"偏移量"值为 1750，即相机的高度为 1750 mm，如图 11-16 所示。

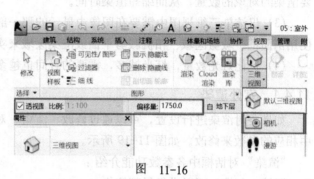

图　11-16

📢 **说明：**

不勾选选项栏中的"透视图"选项，视图会变成正交视图，即轴测图。

（2）移动光标至绘图区域中，在图 11-17 所示位置单击，放置相机视点，向右上方移动鼠标指针至"目标点"位置，单击生成三维透视图，如图 11-18 所示。

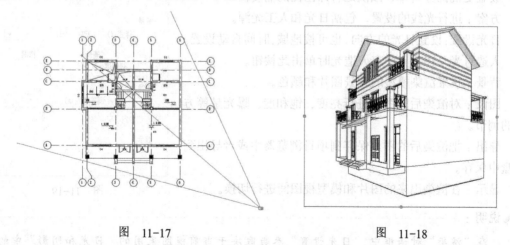

图　11-17　　　　　　　　　　　　　图　11-18

11.4　渲染设置

创建好相机后，可以启动渲染器对三维视图进行渲染。为了得到更好的渲染效果，需要根据不同的情况调整渲染设置，例如，调整分辨率、照明等；同时为了得到更好的渲染速度，也需要进行一些优化设置。

Revit 的渲染消耗时间取决于图像分辨率和计算机 CPU 的数量、速度等因素。使用如下一些方法可以让渲染过程得到优化。

一般来说分辨率越低，CPU 的数量越多和频率越高，渲染的速度越快。根据项目或者设计阶段的需要，选择不同的设置参数，在时间和质量上达到一个平衡。如果有更大场景和需要更高层次的渲染，建议将文件导入到 3ds Max 等其他软件中渲染或者进行云渲染。

以下方法会对提高渲染性能有所帮助。

（1）隐藏不必要的模型图元。

（2）将视图的详细程度修改为粗略或中等。通过在三维视图中减少细节的数量，可以减少要渲染的对象的数量，从而缩短渲染时间。

（3）仅渲染三维视图中需要在图像中显示的那一部分，忽略不需要的区域。比如可以通过使用剖面框、裁剪区域、相机裁剪平面或渲染区域来实现。

（4）优化灯光数量，灯光越多，需要的时间也越多。

11.4.1 室外渲染

如果要对渲染进行设置，可以通过修改"渲染"对话框中相应的参数来修改。如图 11-19 所示。

"渲染"对话框中各参数功能介绍：

区域：勾选后可以进行局部渲染。

质量设置：设置渲染的质量，质量越高，图形越精细和真实。

分辨率：设置图像的分辨率。选择"打印机"单选按钮，可以设置更高的分辨率，以满足打印出图的需要。

方案：进行光线的设置，包括日光和人工光源。

日光设置：设置日光的方向，也可按地域、时间自动设置。

人造灯光：在方案中有人造光时单击此按钮。

背景：设置渲染模型的背景图片和颜色。

图像：对渲染后的图像进行亮度、饱和度、曝光量等方面的调节。

导出：把渲染后的图片保存到项目浏览器中或者导出到硬盘中保存。

显示：在渲染出来的图片和模型视图间进行切换。

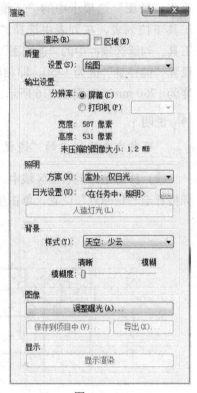

图   11-19

💬 说明：

在"渲染"对话框中，"日光设置"参数取决于当前视图采用的"日光和阴影"中的日光设置。

项目实战：室外渲染设置

（1）打开学习资源中的"模块 11>01.rvt"文件，切换至透视图模式，单击视图控制栏中的"渲染"按钮，打开"渲染"对话框。

（2）设置好相应的参数后，单击"渲染"按钮进行渲染，渲染完成后效果如图 11-20 所示。

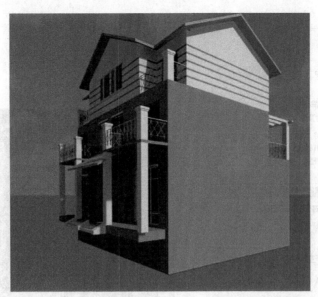

图　11-20

🔊 说明：

　　一般情况下，不要一开始就用高质量的渲染模式。可以先从渲染草图质量图像开始，以便观察初始设置的效果，然后根据草图的情况调整材质、灯光和其他设置，并根据需要适当提高渲染质量，逐步改善图像效果。当确认材质渲染外观和渲染设置符合要求后，再使用高质量设置生成最终图像。

11.4.2　室内渲染

　　室内渲染的过程与室外渲染类似，但在进行室内渲染时必须设置室内照明方式。室内渲染中有多种照明方式：室内日光渲染、室内灯光渲染、室内灯光及日光混合渲染等。

　　对于无法直接使用日光作为光源的室内场景，如无采光口的室内房间，可以选择仅室内灯光作为渲染光源。包括灯光的布置及设置、渲染参数的设置两个部分。

　　首先需要做的是灯光的布置。Revit 中的灯光也是以族的形式存在的，导入一个灯具族就相当于导入了一个光源，且灯具里的参数与实际灯具参数具有同等意义，即如果设置了灯具族的灯光参数，那么在渲染的时候 Mental Ray 渲染器就可以最大限度地模拟出灯具的真实发光效果。

　　项目实战：室内渲染设置

　　（1）打开学习资源中的"模块 11>01.rvt"文件，在项目浏览器中，双击"三维视图"下的"楼梯间"视图，打开已经预设好的室内透视三维视图。

　　（2）打开"渲染"对话框，单击"质量"栏中的"设置"下拉箭头，选择"编辑"选项，打开"渲染"对话框，如图 11-21 所示。

　　（3）单击"渲染"按钮，效果如图 11-22 所示。渲染完成后，单击"保存到项目中"按钮，将渲染结果保存到项目中。

图　11-21　　　　　　　　　　图　11-22

11.5　漫游动画

在使用 Revit 完成建筑设计的过程中，漫游工具体现了非常重要的作用。Revit 中的漫游是指沿着定义的路径移动相机。此路径由帧和关键帧组成。关键帧是指可以修改相机方向和位置的可修改帧。默认情况下，漫游创建为一系列透视图。使用"漫游"工具制作漫游动画，可以让项目展示更加身临其境。

项目实战：制作漫游动画

（1）打开学习资源中的"模块 11>01.rvt"文件，切换到 F1 楼层平面视图，单击"视图"选项卡中的"三维视图"工具下拉列表，在列表中选择"漫游"工具，如图 11-23 所示。

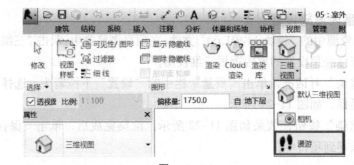

图　11-23

（2）在出现的"修改 | 漫游"选项卡中勾选选项栏中的"透视图"复选框，设置"偏移量"，即视点的高度为 1750 mm，设置基准标高为 F1，如图 11-24 所示。

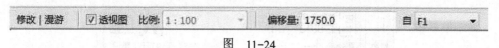

图 11-24

（3）移动鼠标指针至绘图区域中，如图 11-25 所示。依次单击放置漫游路径中关键帧相机位置。在关键帧之间 Revit 将自动创建平滑过渡，同时每一帧代表一个相机位置，也就是视点的位置。如果某一关键帧的基准标高有变化，可以在绘制关键帧时修改选项栏中的基准标高和偏移值，形成上下穿梭的漫游效果。完成后按 Esc 键完成漫游路径，Revit 将自动新建"漫游"视图类别，并在该类别下建立"漫游 1"视图。

📢 说明：

如果漫游路径在平面或立面视图中消失，可以在项目浏览器中对应的漫游视图名称上右击，选择"显示相机"命令，即可重新显示路径。

（4）路径绘制完成后，一般还需进行适当的调整。在平面图中选择漫游路径，进入"修改 | 相机"上下文选项卡，单击"漫游"面板中的"编辑漫游"工具，漫游路径将变为可编辑状态。如图 11-26 所示，选项栏中共提供了 4 种方式用于修改漫游路径，分别是控制活动相机、编辑路径、添加关键帧和删除关键帧。

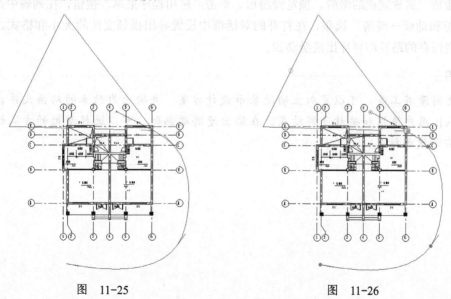

图 11-25   图 11-26

（5）在不同的编辑状态下，绘图区域的路径会发生相应变化，如果修改控制方式为"活动相机"，路径会出现红色圆点，表示关键帧呈现相机位置及可视三角范围，如图 11-26 所示。

（6）按住并拖动路径中的相机图标或单击"漫游"面板中的控制按钮，如图 11-27 所示，可以使相机在路径上移动，分别控制各关键帧处相机的视距、目标点高度、位置、视线范围等。

（7）如果对漫游路径不满意，可以设置选项栏中的"控制"方式为"路径"，进入路径编辑状态，此时路径会以蓝色圆点表示关键帧。在平面图中拖动关键帧，调整路径在平面上的布局，切换到立面视图中，按住并拖动关键帧夹点调整关键帧的高度，即视点的高度。使用类似的方式，根据项目的需要可以为路径添加或减少关键帧。

图　11-27

📢 说明：

　　在"活动相机"编辑状态下，如果位于关键帧时，能够控制相机的视距、目标点高度、位置、视线范围，但对于非关键帧只能控制视距和视线范围。另外，在整个漫游过程中只有一个视距和视线范围，不能对每帧进行单独设置。

（8）打开"实例属性"对话框，单击其他参数分组中"漫游帧"参数后的按钮，打开"漫游帧"对话框。可以修改"总帧数"和"帧/秒"值，以调节整个漫游动画的播放时间。漫游动画总时间＝总帧数/帧率（帧/秒）。

（9）整个路径和参数编辑完成后，切换至漫游视图，选择漫游视图中的裁剪边框，将自动切换至"修改 | 相机"上下文选项卡，单击"漫游"面板中的"编辑漫游"按钮，打开漫游控制栏，单击"播放"回放完成的漫游。预览漫游后，单击"应用程序菜单"按钮，在列表中选择"导出→漫游和动画→漫游"选项，在打开的对话框中设置导出视频文件的大小和格式，设置完毕后确定保存的路径即可导出漫游动画。

📢 说明：

　　使用漫游工具，可以更加生动地展示设计方案，并输出为独立的动画文件，方便非 Revit 用户使用和播放漫游结果。在输出漫游动画时，可以选择渲染的方式输入更为真实的漫游结果。

模块 12

应用注释

📖 **学习要点**

◎ 平面施工图的创建和编辑方法；

◎ 立面施工图的创建和编辑方法；

◎ 剖面施工图的创建和编辑方法。

在完成项目视图设置后，可以在视图中添加尺寸标注、高程点、文字、符号等注释信息，进一步完成施工图中需要注释的内容。

12.1 平面施工图尺寸标注、符号

在平面视图中需要详细表述"三道尺寸线—总尺寸、轴网尺寸、门窗平面定位尺寸"，以及标注平面中各楼板、室内室外标高等等信息。

12.1.1 添加尺寸标注

Revit 2016 提供了对齐、线性、角度、直径、弧长共 5 种不同形式的尺寸标注，如图 12-1 所示。其中对齐尺寸标注用于沿相互平行的图元参照之间标注尺寸，如图 12-2 所示。

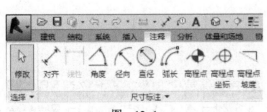

图 12-1

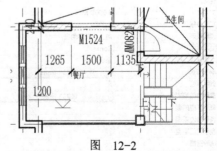

图 12-2

线性尺寸标注用于标注选定的任意两点之间的尺寸线，如图 12-3 所示。

要使用尺寸标注，必须设置尺寸标注的类型属性，以满足不同规范下施工图的设计要求。

切换到楼层平面视图，在"注释"选项卡的"尺寸标注"面板中单击"对齐"，自动切换至"放置尺寸标注"，此时"对齐"标注被激活，打开"属性类型"对话框，可以设置属性，如图 12-4 所示。

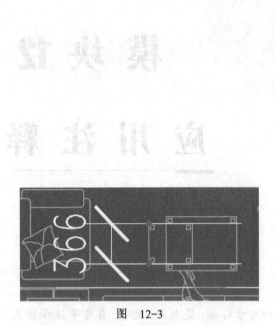

图　12-3

图　12-4

在文字参数分组中，可以设置文字大小、文字偏移、文字字体、文字背景，如图 12-5 所示。

确认选项栏中的尺寸标注，默认捕捉墙位置为"参照核心层表面"，尺寸标注"拾取"方式为"单个参照点"，如图 12-6 所示。

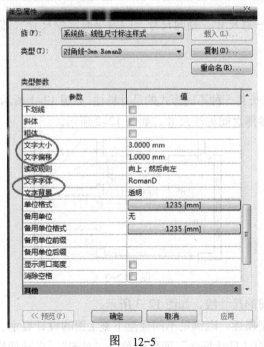

图　12-5

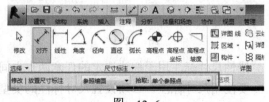

图　12-6

按住"拖拽文字"操作夹点移动鼠标指针可改变位置，勾选"引线"选项，可取消引线，完成后按 Esc 键退出修改尺寸标注状态，如图 12-7 所示。

在尺寸标注"类型属性"对话框中，可以分别调节箭头类型和尺寸标注类型参数中的"记号"，形成不同样式的尺寸标注，如图 12-8 所示。

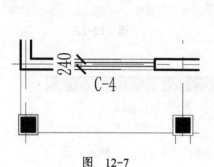

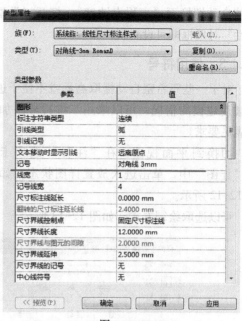

图 12-7

图 12-8

12.1.2 添加高程点和坡度

在施工图中标注当前平面所在楼层标高、室内外高差、屋顶排水坡度等信息，可以使用"高程点"工具在视图中自动提取构件高程。

打开"类型属性"对话框，如图 12-9 所示。

可以设置引线、显示高程等，如图 12-10 所示。

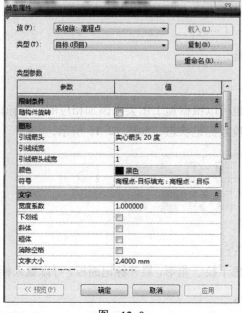

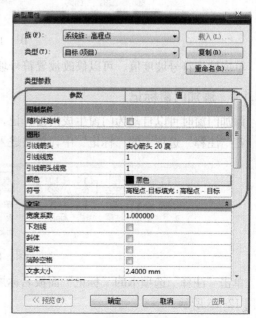

图 12-9

图 12-10

在"注释"选项卡的"尺寸标注"面板中单击"高程点坡度"按钮，如图 12-11 所示，系统自动切换至"高程点坡度"，打开"类型属性"对话框即可设置属性参数。

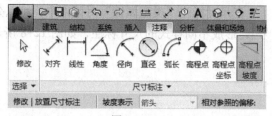

图 12-11

12.1.3 使用符号

对于一些不希望自动提取高程或不便于进行坡度建模的情况，可以采用二维符号添加以满足要求。

切换到平面视图，在"注释"选项卡的"详图"中，单击进入放置详图状态，如图 12-12 所示。

图 12-12

可以选取绘制方式，如图 12-13 所示。

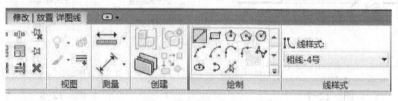

图 12-13

可以设置属性类型，在"注释"选项卡的"符号"中，单击进入放置符号状态，可以选取符号类型，如图 12-14 所示。

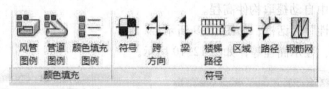

图 12-14

单击坡度符号坡度值，可以修改放置符号坡度。

12.1.4 添加门窗标记

添加门窗时可以自动为门窗生成门窗标记，也可以根据施工图要求添加相应的门窗标记。在"注释"选项卡的"标记"中，单击进入放置标记状态，如图 12-15 所示。

图 12-15

单击"注释"选项卡的"标记"面板名称黑色下拉三角形，展开标记面板，可以载入标记，如图 12-16 所示。

图　12-16

12.2　创建立面和剖面施工图

可以在立面视图中添加尺寸标注、高程点标注、文字说明等注释信息。

12.2.1　立面施工图

切换至南立面视图，打开视图实例属性中的"裁剪视图"和"裁剪区域"可见选项，可调节裁剪区域，如图 12-17 所示。

图　12-17

在"修改"选项卡中可以根据施工图纸要求修改。

使用"高程点"时，可以设置类型。

"放置文字"时，可以设置文字对齐方式等。

12.2.2　剖面施工图

与立面施工图类似，可直接在剖面图中添加尺寸标注等信息。

模块 13

协同工作

学习要点

◎ 链接模型的方法；

◎ 复制监视工具的应用；

◎ 工作集的创建与应用；

◎ 设计选项的设置。

13.1 协同工作准备

协同工作的精髓在于管理，Revit 提供的功能仅仅是在工具层面上提供管理的支撑，但管理的理念与方法无法通过软件实现。

要实现多人多专业间协同工作，涉及专业间协作管理的问题，仅凭借 Revit 自身的工作操作，无法完成高效的协作管理，在开始协同设计之前，必须为协同设计做好准备工作。准备工作的内容包括确定协同工作方、确定项目定位信息、确定项目协调机制等。

确定协调工作方式，采用连接还是采用工作集的方式。在 Revit 平台中，链接是最容易实现的数据级协同方式，它仅需要参与协同的各专业用户使用链接功能将已有 RVT 数据链接至当前模型即可；而工作集的方式是更高级的工作方式，它允许用户实时查看和编辑当前项目中任何变化，但工作集的方式带来的问题是参与的用户越多，管理越复杂。编者的建议是，根据项目工作过程的特点，优先将项目拆分为不同的独立模型，采用链接的方式生成完成的模型，在独立模型的内部可以根据需要再启用工作集的模式，以方便沟通和修改。

对于联系非常紧密的工作，可以采用工作集的模式。例如，多个工程师同时参与同一个项目建筑专业的设计工作，最终需要合成为一个完整的设计项目，可以考虑采用工作集的方式，以便于多个建筑师之间及时交互。在项目中，还需要明确构件的命名规则、文件保存的命名规则等。

项目经理需要定制项目级的协同设计标准，企业可以根据自身的状况制定企业级三维协同设计标准，而行业可以制定符合行业发展的协同设计标准，甚至国家标准。这些基础工作，是实现 BIM 设计协作乃至行业协作的基础。

13.2 链接

在 Revit 中使用"链接"功能，可以链接其他专业模型，配合使用 Revit 的碰撞检查功能完成构件间碰撞检查等涉及质量控制的内容。

Revit 中可以链接的对象共有 5 种，分别是 Revit、CAD、DWF 标记、贴花和点云，如图 13-1 所示。其中最常用的是"链接 Revit"与"链接 CAD"两种选项。使用"链接 Revit"，可以实现多专业协同，也可以完成单专业协同。使用链接进行协同时，最方便的地方在于，当所链接的对象发生更改时，只需要更新链接，或下一次打开文件时就可以看到所链接对象的最新状态，避免了人为因素造成信息传递不及时而导致的设计错误。

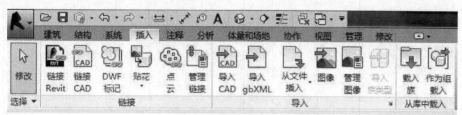

图 13-1

13.2.1 设置链接

Revit 共提供了 6 种链接或导入文件定位方式，如图 13-2 所示。

图 13-2

定位选项参数介绍：

自动 – 中心到中心：Revit 将导入项的中心放置在 Revit 模型的中心。模型的中心是通过查找模型周围的边界框的中心来计算的。

自动 – 原点到原点：Revit 将导入项的全局原点放置在 Revit 项目的内部原点上。

自动 – 通过共享坐标：Revit 会根据导入的几何图形相对于两个文件之间共享坐标的位置，放置此导入的几何图形。

手动 – 原点：导入的文件的原点位于光标的中心。

手动 – 基点：导入的文档的基点位于光标的中心。该选项只用于带有已定义基点的 AutoCAD 文件。

手动 – 中心：将光标设置在导入的几何图形的中心。

13.2.2 管理链接

在"管理链接"对话框中，可以设置链接文件的各项属性，以及控制链接文件的显示状态。Revit 中支持"附着"和"覆盖"两种参照方式。"附着"指当链接模型的主体链接到另一个模型时，将显示该链接模型；"覆盖"指当链接模型的主体链接到另一个模型时，将不载入该链接模型，默认设置为"覆盖"。选择"覆盖"选项后，如果导入包含嵌套链接的模型，将显示一条消息，说明导入的模型包含嵌套链接，并且这些模型在主体模型中将不可见。

Revit 可以记录链接文件的路径类型为相对路径或绝对路径。如果使用相对路径，当项目和链接文件一起移动至新目录时，链接关系保持不变，Revit 尝试按照链接模型相对于工作目录的位置来查找链接模型。如果使用绝对路径，将项目和链接文件一起移动到新目录时链接将被破坏，Revit 尝试在指定目录查找链接模型。

在"插入"选项卡中，单击"链接"面板中的"管理链接"按钮，可打开"管理链接"对话框，如图 13-3 所示。

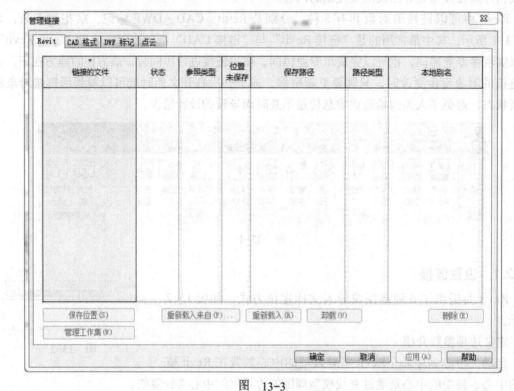

图 13-3

13.2.3　复制与监视

多个团队针对一个项目进行协作时，有效监视和协调工作可以减少过失和损失导致的返工。使用"复制/监视"工具，可以确保在各个团队之间针对设计修改进行交流。在启动"复制/监视"工具时，可选择"使用当前项目"或"选择链接"命令，然后可选择"复制"或"监视"命令。

复制的作用是创建选定项的副本，并在复制的图元和原始图之间建立监视关系。如果原始图元发生修改，那么在打开项目或重新载入链接模型时会显示一条警告信息（该"复制"不同于其他用于复制和粘贴的复制工具）。

监视的作用是在相同类型的两个图元之间建立监视关系。如果某一图元发生修改，那么在打开项目或重新载入链接模型时会显示一条警告信息。

13.2.4　共享定位

共享坐标用于记录多个互相链接的文件的相互位置，这些相互链接的文件可以全部是Revit 文件，也可以是 Revit 文件、DWG 文件和 DXF 文件的组合。

Revit 项目具有构成项目中模型的所有图元的内部坐标，这些坐标只能被此项目识别。如果具有独立模型（其位置与其他模型或场地无关），则可以识别。但是，如果希望模型位置可被其他链接模型识别，则需要共享坐标。Revit 项目可以有命名位置，命名位置是 Revit 项目包含至少一个命名位置，称为"内部"位置。如果 Revit 项目包含一个唯一的结构或一个场地模型，则通常只有一个命名位置。如果 Revit 项目包含多座相同的建筑，则将有多个位置。

有时，需要用一个建筑的多个位置来创建一个建筑群。例如，几个相同的宿舍建筑位于同一场地，需要为唯一的建筑设定多个位置。在这种情况下，可以将建筑导入到场地模型中，然后通过选择不同的位置在场地上移动该建筑。在项目中，可以删除、重命名和新建位置，也可以在各位置之间切换。

13.3 使用工作集

除了链接以外，Revit 还提供了"工作集"协同方式。通过"工作集"，可以允许多名团队成员同时处理同一个项目模型。在许多项目中，会为团队成员分配一个让其负责的特定功能领域。

可以将 Revit 项目细分为工作集以适应这样的环境，启用工作集创建一个中心模型，以便团队成员可以对中心模型的本地副本同时进行设计更改。

1. 工作集设置

用于多个人员同时对中心文件进行编辑，实现实时协作的目的，在使用工作集时，必须使用网络共享环境，而且必须由项目管理员或者项目经理对工作内容以及人员的权限进行分配。

首先以项目管理员的身份来创建和启用工作集，并且创建用于共享的中心文件，在 Revit 中，启用工作集之前，必须对网络环境进行设置。在本地硬盘中的任意位置创建一个名为"中心文件"的文件夹，选择该文件夹右击，设置文件夹的"属性"，改为"共享"，单击"高级共享"，将"权限"设置为勾选任何人来对它进行控制、更改、读取。对于轴网、标高等比较重要的图元，应将权限保留在项目管理员或项目经理手中，以免绘图过程中误操作。

到"网络"，在网络中找到之前建好的"中心文件"的文件夹，然后选择该文件夹，右击，选择"映射网络驱动器"命令，将该共享文件夹映射为当前系统中的 Z 值，"勾选登录时重新链接"这个选项，将会看到创建了一个名为中心文件的网络驱动器，在所有需要参与协同设计的计算机当中都需要使用映射网络驱动器的方式将当前的共享文件夹映射到对方的计算机当中。

📢 说明：

工作集划分的原则根据实际情况而定，可以按照楼层划分，也可以按照功能区划分，还可以按照专业进行划分，如幕墙、室内等。

2. 编辑与共享

中心模型建立完成后，后续工作便是由项目组成员基于中心模型开展工作。为了进行很好的协同设计，项目组成应该对各工作集进行权限获取，避免工作中的不必要的麻烦。

3．设计选项

通过设计选项，项目组可以在单一项目文件中开发、计算以及重新设计建筑构件和房间。某些项目组成员可以处理特定选项(如门厅变化)，而其他工作组成员则可继续处理主模型。设计选项的复杂程度可以各不相同。例如，设计人员可能要探索入口设计的备用方案，或屋顶的结构系统。随着项目不断推进，设计选项的集中化程度越来越高，这些设计选项也越来越简单。

模 块 14

创建族与项目样板

学习要点

◎ 族的介绍；

◎ 系统族与可载入族的区别；

◎ 创建族的方法；

◎ 项目样板的概念；

◎ 编辑项目样板内容。

14.1 族基本概念

14.1.1 族概念

族是构成 Revit 项目的基本元素。Revit 中的族有两种形式：系统族和可载入族。系统族在 Revit 中预定义且保存在样板和项目中，用于创建项目的基本图元，如墙、楼板、天花板、楼梯等。系统族还包括项目和系统设置，这些设置会影响项目环境，如标高、轴网、图纸和视图等。可载入族为用户自定义创建的独立保存为 .rfa 格式的族文件。Revit 不允许用户创建、复制、修改或删除系统族，但可以复制和修改系统族中的类型，以便创建自定义系统族类型。由于可载入族的高度灵活的自定义特性，因此在使用 Revit 进行设计时最常创建和修改的族为可载入族。Revit 提供了族编辑器，允许用户自定义任何类别、任何形式的可载入族。

可载入族分为 3 种类别：体量族、模型类别族和注释类别族。体量族主要应用于建筑概念及方案设计阶段。模型类别族用于生成项目的模型图元、详图构件等；注释族用于提取模型图元的参数信息，例如，在小别墅项目中使用"门标记"族提取门"族类型"参数。

族属于 Revit 项目中的某一个对象类别，如门、窗、环境等。在定义 Revit 族时，必须指定族所属的对象类别。Revit 提供扩展名为 .rfa 的族模板文件。该样板决定所创建的族所属的对象类别。根据族的不同用途与类型提供了多个对象类别的族模板。在模板中预定义了构件图元所属的族类别和默认参数。当族载入到项目中时，Revit 会根据族定义的所属对象类别归类到相应的对象类别中。在族编辑器中创建的每个族都可以保存为独立的 .rfa 的族文件。

Revit 的模型类别族分为独立个体和基于主体的族。独立个体族是指不依赖于任何主体的构件，例如，家具、结构柱等。基于主体的族是指不能独立存在而必须依赖于主体的构件，例如门、窗等图元必须以墙体为主体而存在。基于主体的族可以依附的主体有墙、天花板、楼板、屋顶、线、面，Revit 分别提供了基于这些主体图元的族样板文件。

14.1.2　族类型与族参数

Revit 的族主要包含 3 项内容，分别是"族类别""族参数"和"族类型"。"族类别"是以建筑物构件性质来分类，包括"族"和"类别"。例如，门、窗或家具各属于不同的类别。

"族参数"定义应用于该族中所有类型的行为或标识数据。不同的类别具有不同的族参数，具体取决于 Revit 以何种方式使用构件。控制族行为的一些常见族参数示例，包括"总是垂直""基于工作平面""共享""房间计算点"和"族类型"。

总是垂直：选择该选项时，该族总是显示为垂直，即 90°，即使该族位于倾斜的主体上，如楼板。

基于工作平面：选择该选项时，族以活动工作平面为主体，可以使任一无主体的族成为基于工作平面的族。

共享：仅当族嵌套到另一族内并载入到项目中时才适用此参数。如果嵌套是共享的，则可以从主体族独立选择，标记嵌套族和将其添加到明细表。如果嵌套族不共享，则主体族和嵌套族创建的构件作为一个单位。

房间计算点：选择该选项族将显示房间计算点。通过房间计算点可以调整族归属房间。

在"族类型"对话框中，族文件包含多种族类型和多组参数，其中包括带标签的尺寸标注及其图元参数。不同族类型中的参数，其数值也各不相同，其中也可以为族的标准参数（如材质、模型、制造商和类型标记等）添加值。

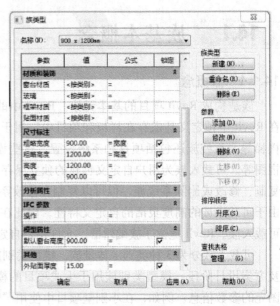

图　14-1

在建立小别墅项目模型是多次应用图元"属性"面板和"类型属性"对话框调节构件实例参数和类型参数，例如，门的宽度、高度等，Revit 允许用户在族自定义任何需要的参数。可以在定义族参数时选择"实例参数"或"类型参数"，实例参数将出现在"图元属性"对话框中，参数类型将出现在"类型属性"对话框中，如图 14-1 所示。

图 14-1 所示为在定义窗族时定义的各类型参数。当在项目中使用该族时，可以在"类型属性"对话框中调节所有族中定义的参数。

如图 14-2 所示，在使用该族时"类型属性"对话框中显示的参数与族中定义的参数完全相同。

在使用族时，可以将经常使用的族类型参数组合保存为族类型。在项目中应用族时，均是插入该族的某一个类型的实例。

定义族时所采用的族样板中会提供该类型对象默认组参数。在统计明细表时，这些族参数可以作为统计字段使用。可以在族中根据需要定义任何族参数，这些参数可以将定义的参数类型呈现在"属性"面板或"类型属性"对话框中，但无法在明细表统计时作为统计字段使用。如果希望自定义的族参数出现在明细表统计中，必须使用共享参数。

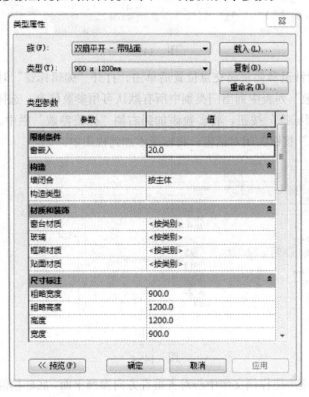

图 14-2

14.2 创建注释族

注释类型族是 Revit 非常重要的一种族，它可以自动提取模型中的参数值，自动创建构件标记注释。使用"注释"类族模板可以创建各种注释类族，例如，门标记、材质标记、轴网标头等。

项目实战：创建门标记族

（1）启动 Revit，单击"应用程序菜单"，在列表中选择"新建→族"命令，弹出"新建族 - 选择族样板"对话框，双击"注释"文件夹，选择"M- 门标记 .rft"作为族样板，单击"打开"按钮，进入族编辑器状态。该族样板中默认提供了 2 个正交参照面，参照平面交点位置表示标签的定位位置。

（2）在"创建"选项卡的"文字"面板单击"标签"工具，自动切换至"修改|放置标签"上下文选项卡中，如图 14-3 所示，设置"格式"面板中水平对齐和垂直对齐方式均为"居中"。

（3）确认"属性"面板中的标签样式为 3.0 mm。打开"属性类型"对话框，复制名称为 3.5 mm 的新标签样式，该对话框中类型参数与文字类型参数完全一致。修改文字"颜色"为"蓝色"，"背景"为"透明"；设置"文字字体"为"仿宋"，"文字大小"为 3.5 mm，其他参数参照图中设置，完成后单击"确定"按钮，退出"类型属性"对话框。

图 14-3

（4）移动鼠标指针至参照平面交点位置后单击，打开"编辑标签"对话框。如图 14-4 所示，在左侧"类别参数"列表中列出门类别中所有默认可用参数信息。选择"类型注释"参数，单击"将参数添加到标签"按钮，将参数添加到右侧"标签参数"栏中。修改"样例值"为 M1021，单击"确定"按钮关闭对话框，将标签添加到视图中。

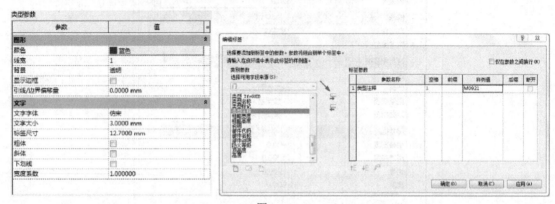

图 14-4

（5）适当移动标签，使样例文字中心对齐垂直方向参照平面，底部稍偏高于水平参照平面。单击"注释"选项卡"详图面板"中的"直线工具"，设置线型类型为"门标记；使用矩形绘制模式，"按图 14-5 中所示位置绘制矩形图形。

图 14-5

项目实战：创建材质族

（1）单击"创建"选项卡"属性"面板中的"族类别和参数"工具，打开"族类别和族参数"对话框，如图 14-6 所示。

（2）在列表中选择"材质标记"，选择"族参数"栏中的"随构建旋转"选项，单击"确定"按钮，退出"族类别和族参数"对话框。

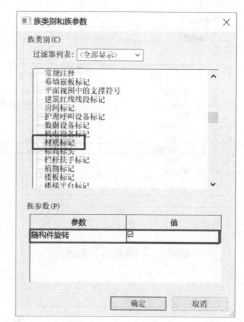

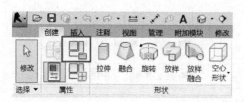

图　14-6

（3）标签工具，注意设置材质标签文字的水平对齐方式为"左"，在"编辑标签"对话框中添加"名称"参数至右侧标签参数列表中，如图 14-7 所示。

名称

图　14-7

（4）保存该文件，载入该文件至任意项目中，使用"材质标记"工具标记任意对象，该标签将显示材质的名称。并且 Revit 允许在标签中设置长度等参数信息的格式。

项目实战：设置标题栏与共享参数

（1）单击"应用程序菜单"按钮，在列表中选择"新建→标题栏"命令，打开"新图框－选择样板文件"对话框并自动切换至族样板库"标题栏"文件夹。选择"A2 公制 .rtf"族样板文件，单击"确定"按钮进入族编辑器模式，在族样板中显示了 A2 图纸的边界范围。

（2）在"管理"选项卡的"设置"面板中单击"对象样式"工具，打开"对象样式"对话框，如图 14-8 所示，新建名称为"粗边框线"的子类别，确认"线性图案"为"实线"。完成后单击"确定"按钮。

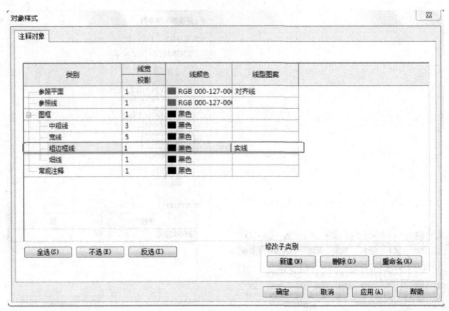

图 14-8

（3）使用"直线"工具，设置当前线类型为"粗边框线"，沿图纸边界内侧绘制图纸打印边框。

（4）设置当前线型为"图框"，按图所示尺寸绘制标题栏形式。

（5）在"常用"选项卡的"文字"面板中单击"文字"工具，在"类型属性"对话框中复制建立名称为 5 mm 的新文字类型，修改文字高度为 5 mm，文字"颜色"为"蓝色"；修改字体为"仿宋"。

（6）使用"标签"工具，分别建立类型名称为 3.5 mm 和 5 mm 的新标签类型。设置标签文字"颜色"为"红色"，标签文字"背景"为"透明"；设置文字高度为 3.5 mm 和 5 mm，字体为"仿宋"。确认"对齐"面板中标签文字的对齐方式为"水平左对齐"，垂直方向"居中对齐"。

（7）确认当前标签类型为 5 mm，单击项目标题栏"项目名称"后的空白单元格，打开"编辑标签"对话框，将"项目名称"参数添加到"标签参数"栏中。完成后单击"确定"按钮。使用类似方法，选择标签类型为 3.5 mm，按图 14-9 所示将参数添加标题栏中。

石家庄铁路职业技术学院BIM协会		项目名称	项目名称
		建设单位	
项目负责		设计编号	项目编号
项目审核	图纸名称	图 号	A101
制图		出图日期	2018 年 1 月 1 日

图 14-9

（8）使用标签工具，确认当前类型为 3.5 mm。在标题栏"建设单位"后的空白单元格内单击打开"编辑标签"对话框。如图 14-10 所示，单击"参数类别"栏底部的"添加参数"按钮，弹出"参数属性"对话框。在"参数属性"对话框中，单击"选择"按钮，打开"共享参数"对话框。单击"编辑"按钮，弹出"编辑共享参数"对话框。

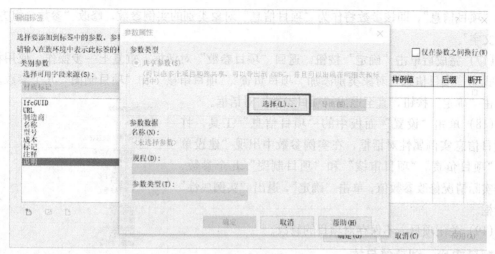

图 14-10

（9）在"编辑共享参数"对话框中单击"创建"按钮，弹出"创建共享参数文件"对话框。浏览至硬盘任意文件夹，输入共享参数名称为"标题栏共享参数"，完成后单击"确定"按钮。

（10）单击"编辑共享参数"对话框"组"中的"新建"按钮，弹出"新参数组"对话框。输入参数名称为"标题栏项目信息"，单击"确定"按钮。

（11）单击"参数"栏中的"新建"按钮，弹出"参数属性"对话框。输入参数名称为"建设单位"，设置参数类型为"文字"，完成后单击"确定"按钮。使用类似的方式添加名称为"项目负责"、"项目审核"和"项目制图"参数，参数类型为"文字"。

（12）单击"编辑参数共享"对话框中的"确定"按钮，返回"共享参数"对话框。选择"建设单位"共享参数，单击"确定"按钮，返回"参数属性"对话框；再次单击"确定"按钮返回"编辑标签"对话框。此时在"类别参数"列表中显示上一步中新建的共享参数名称。选择"建设单位"参数，将其添加至"标签参数"列表中，完成后单击"确定"按钮。

（13）使用标签工具，单击"项目负责"栏空白单元格，在弹出的"编辑标签"对话框中单击"添加参数"，弹出"参数属性"对话框，单击"确定"按钮弹出"共享参数"对话框；确认当前参数组为"标题栏共享参数"，选择"项目负责"参数，单击"确定"按钮两次，返回至"编辑标签"对话框，将"项目负责"参数添加到"标签参数"列表中，完成后单击"确定"按钮退出"编辑标签"对话框。使用类似方法，分别在"项目审核"和"制图"空白栏中添加"项目审核"和"项目制图"共享参数。

（14）保存该文件，建立任意空白项目并载入改标题族。

（15）单击"管理"选项卡"设置"面板中的"共享参数"工具，打开"编辑共享参数"对话框。对话框显示当前项目中使用的共享参数文件位置、参数组名称及该参数组下的所有可用参数。单击"确定"按钮，退出"编辑共享参数"对话框。

（16）单击"设置"面板中的"项目参数"工具，打开"项目参数"对话框，单击"添加"按钮，打开"参数属性"对话框。选择参数类型为"共享参数"，单击"选择"按钮，弹出"共享参数"对话框，确认当前参数组为"标题栏项目信息"，在参数列表中选择"建设单位"，单击"确定"按钮，返回"类型属性"对话框。设置参数为"实例"，在右侧对象类别列表中选择"项目信息",即该参数将作为"项目信息"对象类别的实例参数,修改"参数分组方式"为"文字"。

(17) 完成后单击"确定"按钮,返回"项目参数"对话框。重复上一步操作,使用相同的方式为"项目信息"对象类别添加"项目负责""项目审核"和"项目制图"几个参数。依次单击"确定"按钮,直至退出"项目参数"对话框。

(18) 单击"设置"面板中的"项目信息"工具,打开项目信息实例属性对话框,在实例参数中出现"建设单位""项目负责""项目审核"和"项目制图"几个参数。根据实际情况修改参数值,单击"确定",退出"实例属性"对话框。

图 14-11

(19) 关闭项目,不保存对项目的修改。

项目实战:创建符号族

(1) 以"公制常规注释.rft"为族样板,新建注释符号标记族。

(2) 打开"族类别和族参数"对话框,如图 14-11 所示,确认当前族类别为"常规注释",不勾选"族参数"列表中的"随构件旋转""使文字可读"和"共享"选项,单击"确定"按钮。

(3) 使用线工具,设置线样式为"常规注释",以参照平面交点为起点,向右绘制长度为 15 mm 的直线。使用区域填充工具,设置填充区域边界线样式为"<不可见线>",填充类型为"实体填充",按照图 14-12 所示的尺寸绘制封闭箭头区域。

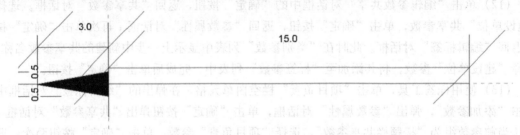

图 14-12

(4) 使用"标签"工具,复制出名称为 3.5 mm 的新标签类型,设置标签文字"颜色"为"蓝色","文字字体"为"仿宋","文字大小"为 3.5 mm。移动鼠标指针至直线中间位置空白处单击,打开"编辑标签"对话框。

(5) 单击"类别参数"底部的"添加参数"按钮,打开"参数属性"对话框。如图 14-13 所示,输入参数名称为"坡度值",修改"参数类型"为"长度",参数的类型为"实例","参数分组方式"为"文字",完成后单击"确定"按钮,退出"参数属性"对话框,返回"编辑标签"对话框。

(6) 如图 14-14 所示,将上一步创建的"坡度值"参数添加到右侧的"标签参数"列表中,单击"编辑参数的单位格式",弹出"坡度值"参数的"格式"对话框。

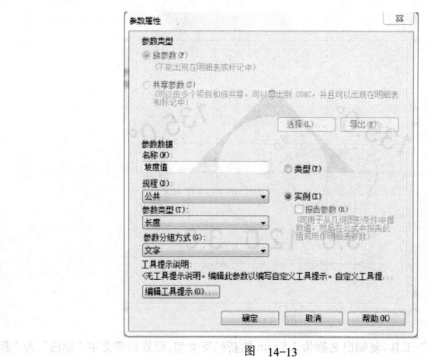

图 14-13

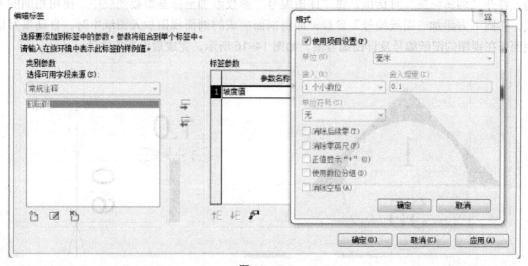

图 14-14

（7）保存该族，将该族载入到任意空白项目中，使用"注释"选项卡"符号"面板中的"符号"工具放置该坡度符号。根据需要修改坡度符号的坡度值。

项目实战：设置视图符号

（1）以"M_剖面标头.rft"为族样板新建注释符号标记族。

（2）确认样板中默认给出的剖面标头圆半径为6。使用填充区域工具，按图 14-15 所示尺寸绘制涂黑的部分填充图案。

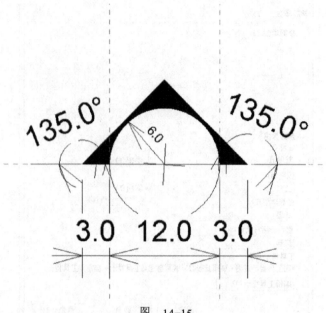

图　14-15

（3）使用"标签"工具，复制出名称为 3.5 mm 的新标签类型，设置标签文字"颜色"为"蓝色"，"文字字体"为"仿宋"，"文字大小"为 3.5 mm。移动鼠标指针至圆中间上方位置空白处单击，打开"编辑标签"对话框，将"详图编号"参数添加至标签参数列表中。使用相同的方式，在圆下方添加"图纸编号"参数，即当剖面生成的剖面视图放入图纸中时，自动填写该剖面所在视图的图纸编号及详图编号值，如图 14-16 所示，完成后保存族文件。

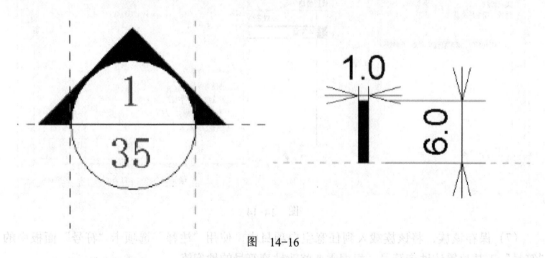

图　14-16

（4）重复前面的操作，创建新剖面标头族。使用区域填充工具，按图 14-16 所示尺寸沿右侧参照平面位置绘制填充区域，完成后保存族文件。

（5）新建空白项目文件，将"国际剖面符号_起始符号.rfa"和"国际剖面符号_末端符号.rfa"载入到当前项目中。

（6）单击"管理"选项卡设置面板中的"其他设置"下拉列表，在列表中选择"剖面标记"选项，打开剖面标记类型属性对话框。复制出名称为"国际剖面符号"的新类型，分别修改"剖面标头"和"剖面线末端"为上一步载入的"国际剖面符号_起始符号"和"国际剖面符号_末端符号 .rfa"族。完成后单击"确定"按钮。

（7）使用"剖面"工具绘制任意剖面线。打开"类型属性"对话框，复制出"国际剖面符号"新剖面类型，如图 14-17 所示，单击"剖面标记"后的"浏览"按钮，打开剖面标记"类型属性"对话框，在"类型"列表中，选择剖面标记类型为上一步中创建的"国际剖面符号"类型，单击"确定"按钮两次，退出对话框。

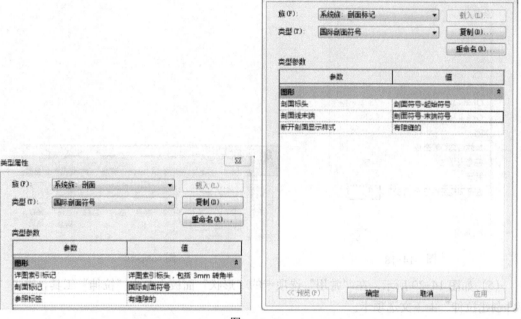

图 14-17

（8）在视图任意位置绘制剖切线，注意剖切线已显示为国际剖切标头符号样式。

14.3　创建模型族

族的建模方式：

拉伸：是指定的拉伸轮廓草图，拉伸指定的高度后生成模型。

融合：允许用户指定模型不同的底部形状和顶部形状，并指定模型的高度，在两个不同的截面形状间融合生成模型。

旋转：用户指定的封闭模型，绕旋转轴旋转指定角度后生成模型。

放样：用户指定路径，在垂直于指定路径的面上绘制封闭轮廓，封闭轮廓沿路径从头到尾生成模型。

放样融合：结合了放样和融合模型的特点，用户指定放样路径，并分别给路径起点与终点指定不同的截面轮廓形状，两截面沿路径自动融合生成模型。

项目实战：创建矩形结构柱

（1）单击"应用程序菜单"按钮，选择"新建→族"选项，打开"新族 - 选择样板文件"

对话框。选择"公制结构柱 .rft"族样板文件，单击"打开"按钮，进入族编辑器，默认将进入"低于参照标高楼层平面视图"。

（2）不选择任何对象，注意"属性"面板中显示当前族的族参数类型。不勾选"在平面视图中显示族的预剪切"选项，如图 14-18 所示，单击"应用"。

（3）确认当前视图为"低于参照标高"楼层平面视图。

（4）如图 14-19 所示，单击"属性"面板中的"族类型"工具，打开"族类型"对话框。修改"深度"值为 600，单击"应用"按钮。

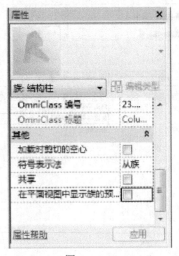

图 14-18

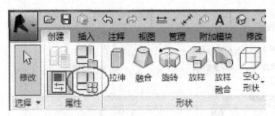

图 14-19

（5）如图 14-20 所示，在"常用"选项卡的"形状"面板中单击"拉伸"工具，进入"修改 | 创建拉伸"上下文选项卡。

（6）单击"工作平面"面板中的"设置工作平面"工具，弹出"工作平面"对话框，如图 14-21 所示，单击"确定"按钮。

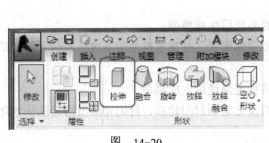

图 14-20

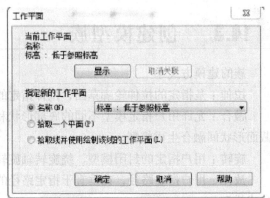

图 14-21

（7）使用"矩形"绘制方式，分别捕捉参照平面的交点作为矩形的对角线顶点，沿参照平面绘制矩形。

（8）打开"族类型"对话框，分别修改"深度"和"宽度"值，完成后单击"确定"按钮。

（9）单击"完成编辑模式"完成拉伸草图。

（10）选择拉伸立方体，如图 14-22 所示。

（11）切换至前立面视图，如图 14-23 所示，选择拉伸立方体。保存该族。

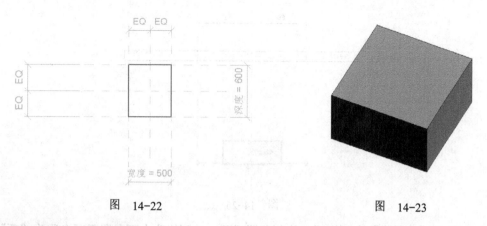

图 14-22　　　　　　　　　　　　　　　　图 14-23

项目实战：创建窗族

（1）单击"应用程序菜单"，选择"新建→族"选项，打开"新族–选择样板文件"对话框，选择"基于墙的公制常规模型 .rft"族样板文件，单击"打开"按钮进入族编辑器模型。

（2）在项目浏览器中切换至"参照标高"楼层平面视图，该族样板默认提供了主体墙和正交的参照平面。打开"族类别和族参数"对话框，在"族类别"列表中选择"窗"，勾选"总是垂直"选项，设置窗始终与墙面垂直，不勾选"共享"选项，单击"确定"按钮关闭对话框。

（3）使用"绘制参照平面"工具在"中心（左右）"参照平面两侧绘制两个参照平面。

（4）选择上一步中绘制的左侧参照平面，修改"属性"面板中的"名称"参数为"左"，"是参照"选项为"左"，不勾选"定义原点"选项。使用相同方法修改右侧参照平面的"名称"参数为"右"，设置"是参照"选项为"右"，如图 14-24 所示。

图 14-24

（5）使用"对齐标注"工具，单击拾取平面中 3 个参照平面处，放置尺寸线，在各参照平面间创建尺寸标注。选择尺寸标注，单击尺寸线上方的 EQ 选项添加等分约束；使用"对齐标注"选项标注左、右参照平面；使用"对齐标注"工具在"左"，"右"参照平面间添加尺寸标注。

（6）选择上一步创建的"左""右"参照平面间尺寸线。单击选项栏中的"标签"下拉列表，该列表显示"窗"族类别中系统提供的默认可用参数，在参数列表中选择"宽度"作为尺寸标签。

（7）此时尺寸标注线将显示标签名称，尺寸标签即族参数名称。双击"宽度"尺寸标注，进入尺寸值修改状态，输入 1500，按 Enter 键确认，注意该尺寸将驱动左右参照平面调整距离，如图 14-25 所示。该功能与"族类型"对话框中修改参数值的功能相同。

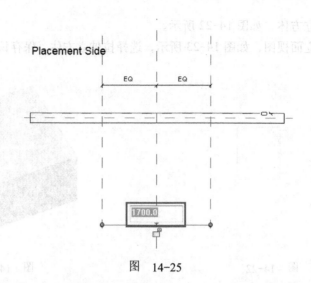

图 14-25

（8）切换至"放置边"立面视图，绘制参照平面，分别修改上下参照平面名称为"顶"和"底"，使用"对齐尺寸标注"工具标注顶、底参照平面距离并设置尺寸标签为"高度"。

（9）使用"对齐尺寸标注"工具在"底"参照平面与参照标高之间增加尺寸标注。选择标注尺寸，设置选项栏中标签选项为"添加参数"，打开"参数属性"对话框。选择参数类型为"族参数"，设置参数名称为"默认窗台高"，"参数分组方式"为"尺寸标注"，设置参数为"类型"。单击"确定"按钮关闭对话框，尺寸标签将设置为"默认窗台高"。

（10）自定义的"默认窗台高"属于"族参数"，它不能在明细表中统计，也不能通过窗标记族将其显示在标签中。

（11）单击"常用"选项卡"模型"面板中的"洞口"工具，自动切换至"修改 | 创建洞口边界"上下文选项卡。使用矩形绘制模式，分别捕捉至宽度与高度参照平面交点，作为矩形对角线顶点，沿上下左右参照平面绘制矩形洞口轮廓，单击"锁定"符号标记，锁定轮廓线与参照平面间位置。单击"完成编辑模式"按钮，完成洞口编辑，创建窗洞口。

（12）打开"族类型"对话框，分别修改"宽度"和高度值、"默认窗台高"，单击"确定"按钮，退出"族类型"对话框，观察洞口位置、大小与参照平面参数关联。

（13）使用"拉伸"工具，自动切换至"修改 | 拉伸"上下文选项卡。确认绘制模式为"矩形"，选项栏中的"偏移量"设置为 0；沿上下左右参照平面绘制矩形拉伸轮廓。设置绘制模式为"拾取线"，设置选项栏中的偏移量值为 60，移动鼠标指针至轮廓线处，按 Tab 键直到显示偏移预览，单击创建内部轮廓。

（14）打开"族类型"对话框，分别修改"宽度""高度""默认窗台高"参数值，测试所绘制的轮廓已随各参数值的变化而变化。

（15）设置属性面板中的拉伸终点为 30，拉伸起点为 −30，即在但前工作平面两侧分别拉伸 30 mm，修改"子类别"为"框架 / 竖梃"，即设置所建拉伸模型为窗"框架 / 竖梃"子类别。

（16）单击"材质"参数列最后的参数关联按钮，打开"关联族参数"对话框，单击"添加参数"按钮，弹出"参数属性"对话框，设置"参数类型"为"族参数"，"名称"为"窗框材质"，选择参数类型为"类型"。

（17）完成后单击"确定"按钮，返回"添加参数"对话框，选择"窗框材质"，再次单击

"确定"按钮,退出"参加参数"对话框。单击"完成编辑模式"按钮完成拉伸,创建拉伸窗框。

(18)切换至三维视图,观察绘制的窗框。打开"族类型"对话框,分别修改宽度、高度值,测试当参数变化时,窗框的变化。

(19)切换至放置边里面视图。使用相同的方式,按图 14-26 所示尺寸和位置创建另一侧侧窗扇草图轮廓。设置拉伸实例参数中的"拉伸终点"为 20,"拉伸起点"为 -20,其余设置与窗框拉伸示例参数设置相同。单击"完成编辑状态"按钮完成当前拉伸创建左侧窗框。

(20)使用相同的方式拉伸右侧窗框。切换至 3D 视图,此时窗模型显示如图 14-27 所示。打开"族类型"对话框,分别调节各宽度、高度参数,观察窗框模型随参数的调整而变化。

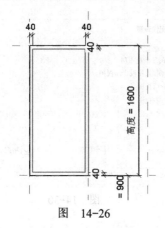

图 14-26

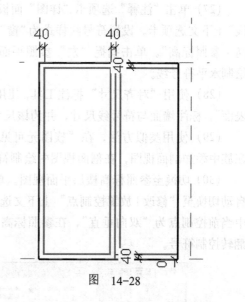

图 14-27

(21)切换至放置边立面视图,使用实体拉伸工具,按图 14-28 所示,绘制窗玻璃拉伸轮廓。设置拉伸图元属性中的"拉伸终点"为 3,"拉伸起点"为 -3,拉伸图元子类型为"玻璃"。单击"完成编辑模式"按钮,为窗添加玻璃。

(22)切换至"放置边"立面视图。使用"绘制参照平面"工具,按图 14-29 所示在窗中间位置绘制水平参照面,并对该参照平面添加 EQ 等分约束。

(23)使用拉伸工具,按图 14-29 所示在左右窗扇内绘制拉伸轮廓。沿水平轮廓边界和参照平面间添加对齐尺寸标注,分别添加轮廓边界至参照平面的距离锁定约束。设置

图 14-28

拉伸示例参数中的"拉伸终点"为 20,"拉伸起点"为 -20,指定"材质"参数为"窗框材质";设置"子类别"为"框架/竖梃"。完成单击"完成编辑模式"按钮完成拉伸,为窗添加中间横梃。

(24)切换至三维视图,打开"族参数"对话框,调节中各参数,测试模型随族的变化。注意无论窗"高度"如何修改,上一步中创建的横梃都将位于窗中间位置。

(25)选择横梃拉伸图元,单击"属性"面板中"可见性"参数后的按钮关联参数按钮,

添加名称为"横梃可见"。注意该"参数类型"为"是／否"。

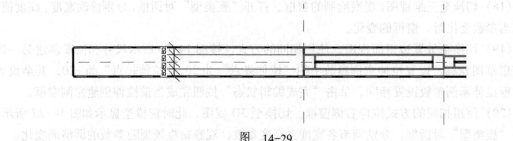

图 14-29

（26）选择所有窗框和玻璃模型，注意不要选择"洞口"图元。自动切换至"修改｜选择多个"上下文选项卡。单击"模式"面板中的"可见性设置"工具，打开"族图元可见性设置"对话框。如图14-30所示，取消勾选"平面／天花板平面视图"和"当在平面／天花板平面视图中被剖切时"选项，单击"确定"按钮关闭对话框。切换至"参照标高"楼层平面视图，所有拉伸模型已灰显，表示在平面视图中将不显示模型的实际剖切轮廓线。

图 14-30

（27）单击"注释"选项卡"详图"面板中的"符号线"工具，自动切换至"修改｜放置符号线"上下文选项卡。设置符号线样式为"窗"，绘制样式为"直线"；设置选项栏中的"平面"为"标高：参照标高"。单击捕捉"左"参照平面为起点，"右"参照平面为结束点，在窗模型两侧绘制水平符号线。

（28）使用"对齐尺寸"标注工具，使用"对齐标注"方式，设置捕捉参照"首选"为"墙表面"，标注墙面与符号线尺寸，并为该尺寸添加等分约束。

（29）使用类似方法，在"族图元可见性设置"对话框中，取消勾选"左右视图"选项，在族中添加剖面视图，在剖面视图中绘制符号线。当窗被剖面视图符号剖切将显示符号线。

（30）切换至参照标高楼层平面视图。单击"常用"选项卡"控件"面板中的"控件"工具，自动切换至"修改｜放置控制点"上下文选项卡。如图14-31所示，确认"控制点类型"面板中当前控制点为"双向垂直"，在参照标高视图墙"放置边"一侧窗中心位置单击，放置内外翻转控制符号。

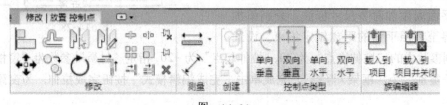

图 14-31

（31）打开"族类型"对话框，分别修改宽度、高度、默认窗台高值为1500、1800、900，勾选"横梃可见"选项，单击"重命名"按钮，修改族类型名称为C1518。

项目实战：创建嵌套族（以百叶窗为例）

（1）绘制百叶窗窗框。

（2）单击"插入"选项卡，载入外部族文件，"百叶片.rfa"族文件。

（3）切换至"参照标高"楼层平面视图，单击"创建"选项卡"模型"面板中"构件"工具，在平面视图中的墙外部位置单击放置百叶片；使用"对齐"工具，对齐百叶片中心线至窗中心参照平面，单击"锁定"符号，锁定百叶片与窗中心线（左/右）位置。

（4）选择百叶打开"类型属性"对话框。单击族百叶片"长度"参数后的关联族参数按钮，打开"关联族参数"对话框，该列表中显示当前"百叶窗"族中所有长度类型参数。选择"宽度参数"，单击"确定"按钮，返回"类型属性"对话框，此时"百叶片"族中的"长度"参数与百叶窗开始族中的"宽度"关联。使用相同的方式关联百叶片的"百叶材质"参数与"百叶窗"族中的"百叶材质"。单击"确定"按钮，关闭"类型属性"对话框。

（5）切换至外部立面视图。如图 14-32 所示，使用"绘制参照平面"工具距离在窗"底"参照平面上方 90 mm 处绘制参照平面，修改实例参数"名称"为"百叶底"。在"百叶底"参照平面与窗底参照平面添加尺寸标注并添加锁定约束。使用"对齐"工具对齐百叶片底边至"百叶底"参照平面并锁定与参照平面对齐约束。

（6）如图 14-33 所示，在窗顶部绘制名称为"百叶顶"的参照平面，标注百叶顶参照平面与窗顶参照平面间的尺寸标注并添加锁定约束。

图 14-32　　　　　　　　　　　　图 14-33

（7）切换至"参照标高"楼层平面视图，使用"对齐"命令，对齐百叶中心线与墙中心线。单击"锁定"按钮，锁定百叶中心与墙体中心线位置，如图 14-34 所示。

（8）切换至外部立面视图。选择百叶片，单击"修改"面板中"阵列"工具，如图 14-35 所示，设置选项栏中的阵列方式为"线性"，勾选"成组并关联"选项，设置"移动到"选项为"最后一个"。

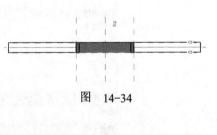

图 14-34

图 14-35

（9）拾取百叶片上边缘作为阵列基点，向上移动至"百叶顶"参照平面。使用"对齐"工具对齐百叶片上上边缘与百叶片顶参照平面，单击"锁定"符号，锁定百叶片与百叶片顶参照平面位置。

（10）选择阵列数量临时尺寸标注，单击选项标签栏中的"添加标签"选项，打开"参数属性"对话框。通过选项栏新建名称为"百叶数量"的族参数，类型为"类别"，如图 14-36 所示。

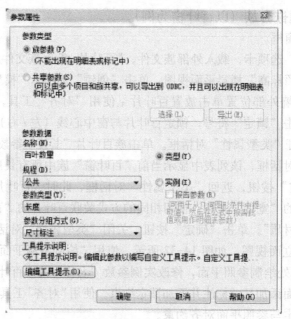

图　14-36

（11）打开"族类型"对话框，修改"宽度"参数值为1200，"百叶数量"参数值为18，其他参数不变，单击"确定"按钮。

（12）打开"族类型"对话框。单击参数栏中的"添加"按钮，弹出"参数属性"对话框。如图 14-36 所示，输入参数名称为"百叶间距"，修改参数类型为"长度"，设置为"类型"参数。单击"确定"按钮，返回"族类型"对话框。修改百叶间距参数值为 50，单击"应用"按钮应用该参数。

（13）如图 14-37 所示，在"百叶数量"参数后的公示栏中输入"（高度 -180 mm）/ 百叶间距"，完成后单击"确定"按钮，关闭对话框，Revit 会自动根据公式计算百叶数量。

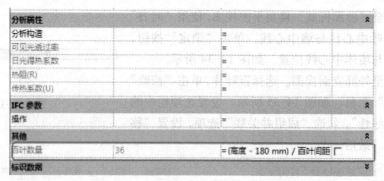

图　14-37

14.4　定义项目样板

在Revit中创建的项目都基于项目样板。项目样板中定义了项目的初始状态，如项目的单位、材质设置、视图设置、可见性设置、载入的族的信息。选择合适的项目样板开始工作，将起到事半功倍的效果。

在 Revit 中有几种创建方式创建项目样板。在完成设计后，单击"应用程序菜单"按钮，在列表中选择"另存为→项目样板"命令，可以直接将项目保存为 .rte 格式的样板文件。当使用该样板文件新建项目时，新项目中将包含保存的项目样板中的所有设置内容，包括已设置的模型和注释图元。可以在另存为样板前删除所有已放置图元，以创建干净的项目样板。

另外一种方法是通过修改已有项目样板的项目单位、族类型、视图属性、可见性等设置形成新的样板文件并保存。

在新建项目时选择新建的类型为"项目样板"即可。

在使用空白项目样板建立样板时，如果希望导入已有项目中包含的视图属性、材质设置等信息，可以打开项目，使用"管理"选项卡"设置"面板中的"传递项目标准"工具，打开"选择要复制的项目"对话框。在列表中选择要传递的项目包含的设置内容，单击"确定"按钮，可将所选择的项目标准传递至当前项目或样板文件中。

使用项目传递可以在各项目和样板间快速传递设置内容。在定义样板或创建项目时，将大大提高生产效率。

参 考 文 献

［1］李恒，孔娟．Revit 2015 中文版基础教程［M］．北京：清华大学出版社，2015．

［2］郭进保．中文版 Revit 2016 建筑模型设计［M］．北京：清华大学出版社，2016．

［3］李鑫．中文版 Revit 2016 完全自学教程［M］．北京：人民邮电出版社，2016．

［4］廖小烽，王君峰．Revit 2013/2014 建筑设计火星课堂［M］．北京：人民邮电出版社，2013．

［5］肖春红，朱明．Autodesk Revit 2016 中文版实操实练（权威授权版）［M］．北京：电子工业出版社，2016．

［6］柏慕进业．Autodesk Revit Architecture 2016 官方标准教程［M］．北京：电子工业出版社，2016．